广义热泵论

肖兰生　张瑞芝　编著

中国建筑工业出版社

图书在版编目（CIP）数据

广义热泵论/肖兰生，张瑞芝编著. —北京：中国建
筑工业出版社，2017.5
ISBN 978-7-112-20640-7

Ⅰ.①广… Ⅱ.①肖… ②张… Ⅲ.①热泵-研究
Ⅳ.①TH3

中国版本图书馆 CIP 数据核字（2017）第 069764 号

本书阐述了狭义热泵概念的历史成因，以及与之相对应的广义热泵概念提出的必然，并在广义热泵概念之下，将通常的空调制冷技术理论，与热泵技术理论有机地揉合在一起，统而论之，名曰《广义热泵论》。

本书共 15 章，以电力驱动的蒸气压缩式热泵为基本内容。第 1～3 章叙述了热泵定义，热泵分类，热泵热源与工质，蒸气压缩式热泵的热力学基础与热泵机组构成的基本器件。第 4～6 章分别叙述了大气/空气源热泵，（含大气—空气热泵、空气—空气热泵及大气—水热泵）；水源热泵（含水—空气热泵及水—水热泵），以及直接式地埋管热泵等。第 7 章叙述了热泵的输出调节（含电机调速及压缩机内设调节装置两种方式），以及热泵的冷热功能转换（含利用四通换向阀与利用外部水关阀门的开关两种方式）。第 8 章叙述了水源热泵系统的定义、构成及分类。第 9～15 章分别叙述了各类水源热泵系统：地埋管热泵系统，地下水源水源热泵系统，地表水源水源热泵系统，城市污水源水源热泵系统，城镇污水处理厂再生水源水源热泵系统，火电厂冷却水源热泵系统，以及水环热泵系统等的构成及应用。

本书在广义热泵概念之下将热泵（制冷机）的制冷技术理论，与热泵的制热技术理论，统一起来进行综合论述。编排独到，内容新颖，系统全面。可供暖通空调专业技术人员及大专院校师生参考。

责任编辑：杜　洁　张文胜
责任设计：谷有稷
责任校对：李欣慰　张　颖

广义热泵论

肖兰生　张瑞芝　编著

*

中国建筑工业出版社出版、发行（北京海淀三里河路 9 号）
各地新华书店、建筑书店经销
霸州市顺浩图文科技发展有限公司制版
北京建筑工业印刷厂印刷

*

开本：787×1092 毫米　1/16　印张：10　字数：250 千字
2017 年 10 月第一版　2017 年 10 月第一次印刷
定价：32.00 元
ISBN 978-7-112-20640-7
（30213）

序　言

《广义热泵论》的两位作者，在长期从事暖通空调专业设计的同时，始终关注空调用热泵理论的发展。在"2005 年全国空调与热泵节能技术交流会"上提交的《空调用热泵概论》的论文中，首次提出广义热泵的概念。

所谓的广义热泵，作者将其定义为："在某种动力的驱动下，可连续地使热由低温物体（或介质）传向高温物体（或介质），并用以制冷或制热的装置。"即，"热泵的功能包括制冷、制热、制冷制热按需轮换、制冷制热同时进行（热回收）等。"而相对应的狭义热泵概念，忽略了热泵中热由低温侧被泵送至高温侧的实质，只着眼于热泵的用途。因此，按照狭义热泵的概念，只在用于制热或制热兼制冷时才称其为热泵，而在单纯制冷时则称其为制冷机。

作为人工冷源的无可替代性，制冷机发明百年来，备受青睐。而其所具备的制热功能，却长期以来没有得到应用。直到 20 世纪 70 年代之后，能源短缺以及大气污染的日趋严重，人们才开始对热效率相对较高，能够利用低温的、可再生能源的热泵的制热功能重视起来。

正所谓存在决定意识，制冷技术理论历经百年的发展，已十分全面系统，而对于热泵则鲜有论述。在我国，20 世纪 80、90 年代之后，才在制冷技术理论的教科书和工具书中附加热泵章节，或者另出热泵专著。但这些附加的章节或专著，其重点均在于论述热泵的制热功能。这种制冷技术理论先入为主，制冷与制热分开叙述的状态，不仅直接导致了狭义的热泵概念，更重要的是使整个热泵的理论体系缺乏系统性，而每一部分又都是不完善的。为此，作者在发表于 2011 年第四期《暖通空调》杂志的《关于空调用热泵的若干概念辨析》的论文中，表达了"在暖通空调领域确立广义热泵的概念，并在这一概念的指导下进行理论著述"的愿望和建议。

此后，作者开始搜集相关资料，按着广义热泵的理念，把制冷的技术理论与有关的热泵论述揉和在一起，写出了这本《广义热泵论》。

翻阅这本《广义热泵论》，确实给人以耳目一新的感觉。书中对于热泵定义、热泵分类、热泵热源（汇）、热泵工质、热泵的热力学基础、热泵能效、大气源热泵机组、水源热泵机组及其应用系统、热泵工况转换及输出调节等的论述，均有独到之处。且在上述叙述中，包含了热泵的各种工况，如：制冷、制热、热回收、冰蓄冷、自由冷却等；各种模式，如：单级压缩、双级压缩、三级压缩、准双级压缩等。

热泵装置中，一个循环，两种效应。以低温侧为负荷端，热泵处于制冷工况；以高温侧为负荷端，热泵处于制热工况。但由于在历史上应用时间的前后差距，而导致其理论上的分离，在空调用热泵领域是一件令人深感遗憾的事情。作者为改变这一局面，做了有益的尝试。编写期间，批阅文献，串联章节，斟酌定义，推敲用语。历经 4 年，几易其稿，始告完成。在此谨向两位作者表示祝贺。

赵先智
2016 年 10 月 10 日

前　言

　　在威尔金森（Wllkinson. P）所著《百大发明》一书中，电冰箱榜上有名。电冰箱的核心其实是制冷机，制冷机的发展迄今已百余年。早在 1834 年，美国波尔金斯（Perkins）发明了第一台以乙醚为制冷剂的蒸气压缩式制冷机。1859 年法国人卡列（Carre）发明了氨—水吸收式制冷机。1875 年卡列（Carre）和林德（Linde）发明了以氨作为制冷剂的氨蒸气压缩式制冷机，成为现代压缩式制冷机的发端。由于天然冷源及其作用十分有限，而制冷机又是人工冷源的唯一选择，因此深受重视并不断发展。之后，于 20 世纪 30 年代始逐步改用氟利昂制冷剂，20 世纪 80 年代末始逐步使用无氯氟利昂的制冷剂。制冷机的核心设备压缩机也在活塞式之外先后发明了离心式、螺杆式、滚动转子式及涡旋式等。

　　制冷机的原理是，在某种动力的驱动下——使热由低温侧传至高温侧，在低温侧由于热的失去而达到制冷的目的，而传至高温侧的热被冷却水或空气带走而未加利用。

　　其实，制冷机高温侧因热的获得而产生的制热效应，也应该是可以利用的，这一点在 1824 年法国人卡诺（S. Carnot）发表的逆卡诺循环理论中已有原则揭示。而在 1854 年初开尔文（L. Kelvin）也曾提出：冷冻装置可以用于加热。

　　冷冻装置在用于加热时，通常被称作热泵。

　　热泵的高温侧，在为空调等用户供热时，其低温侧用于制冷，或单纯为热泵的供热运行提供热的来源，即所谓的低温热源。

　　根据逆卡诺循环理论，热泵在制热时有着较高的能效，其制热系数永远大于 1，且在某些场合要远大于 1。

　　但是，由于热可以用柴草、煤炭及油、气的燃烧比较方便地取得，不必斥资购置精密的"制冷机"，并耗费在当时而言仍比较宝贵的电能。长期以来，制冷机的制冷功能在生产及生活的各项领域——包括空调冷源在内，应用广泛。而其制热功能的应用，要滞后和少了许多。20 世纪 70 年代的石油危机之后，人们才开始对能效相对较高，可以利用低品位、可再生能源的"制冷机"供热——热泵，重视起来。

　　正所谓存在决定意识，制冷技术理论历经百余年的发展，已十分全面系统。而对于热泵则鲜有完整的论述。在我国，20 世纪 80 年代之后，才在制冷技术的教科书或工具书中附加热泵章节，或另出专著。而这些附加的热泵章节或热泵专著，重点均在于论述其制热功能。这就在理论著述和习惯上形成了一个狭义的热泵概念，即以制冷为目的时称为制冷机，以制热为目的或制热、制冷双功能时才称为热泵。其实，热泵称谓的实质在于热从低温侧向高温侧的泵送——提升与传输，而不应在于其是否用于制热。热泵在运行时，制冷与制热两种效应同时并存。在工程应用中，或用其制冷，或用其制热，或制冷与制热按需（或季节）轮换，或制冷与制热同时进行。在应用其制冷时，通常称为制冷机。但制冷机也是热泵的一种，是用于制冷的热泵。相对而言，这是一种广义的热泵概念。为还热泵的本来面目，应该在暖通空调领域内确定这种广义的概念，并且在该概念的指导下，进行热泵理论的诠释与著述。因为那种历史形成的、狭义概念之下的制冷机与热泵分割开的论述方式，难免出现重复、衔接不顺，以及含混之弊病。

鉴于上述，作者意在广义热泵概念的指导下，将通常的制冷技术理论和相关的热泵论述，有机地揉合在一起，统而论之，名曰《广义热泵论》。

本书内容主要在于：一是构建起广义热泵的框架体系，拟定章节，编排内容；二是选择、斟酌、推敲定义及用语，以适应广义热泵概念的要求。十分幸运，国内外的业界学者已在其空调制冷技术以及热泵的理论著述中，从理论基础、设备构造、系统组成以及实际应用等各方面，均做出了较为充足的储备。作者则需按照广义热泵的概念，借助前人的理论基础，完成著述编写的任务。全书共15章，内容包括了热泵理论基础、热泵分类、热泵功能、热泵冷热量输出调节及功能转换以及水源热泵系统等。

按照工作原理，热泵可以分为蒸气压缩式、蒸汽喷射式及吸收式等。蒸气压缩式热泵还有电力驱动、内燃机驱动等。限于篇幅，本书仅以暖通空调领域内的、应用最为广泛的、电力驱动的蒸气压缩式热泵作为基本内容。

限于作者水平，且因在广义热泵的概念及其学术用语等方面无先例可循，疏漏之处在所难免，欢迎批评指正。对为本书提供宝贵理论支持的各位学者，对参与本书文稿打字、插图绘制及编排做出贡献的同志们，对协助完成电子稿件编排和调整的我的女儿肖隽一并表示感谢！

肖兰生　张瑞芝

2016 年 5 月 27 日

目　录

第1章　概论

1.1　热泵定义

众所周知，人往高处走，水往低处流。人往高处走是一句励志的格言，而水往低处流则是一种自然现象。如欲将水提升或传输时，则必须依靠某种动力驱动的水泵。同样道理，热可以从高温物体自发地传向低温物体。而欲使热从低温物体传向高温物体，也必须依靠某种动力驱动的特定装置——热泵。这也就是按克劳修斯（Clousuis）所阐述的热力学第二定律：热不可能从低温物体传递到高温物体而不引起其他变化，即热不可能自发地、不付代价地从低温物体传递到高温物体。

热泵在将热由低温物体传向高温物体的过程中，在低温物体的一端，由于热的失去而产生制冷效应；而在高温物体一端则由于热的获得而产生制热效应。因此，在热泵的工作过程中，制冷与制热两种效应并存。概括地说，就是一个循环，两种效应。但在实际应用中，或用其制冷，或用其制热，或用其按季节（或按需求）轮换制冷和制热，或用其同时制冷和制热。

鉴于上述，可以得出热泵的定义是：在某种动力的驱动下，可连续地使热由低温物体（或媒介）传给高温物体（或媒介），并用以制冷或制热的装置。热泵一般由多个器件组成。以蒸汽压缩式热泵为例，其组成部件包括了压缩机、冷凝器、节流装置及蒸发器等。因此，热泵也称为热泵机组。

1.2　热泵的热源

热泵的理想循环——逆卡诺循环，明确说明是在高温热源及低温热源之间发生的。可见，热源在热泵的热力循环中是不可或缺的。

然而，逆卡诺循环中的热源是抽象的。在实际的运行中，制冷兼制热者除外，根据空气调节系统的需求为之供热或供冷的一端称为负荷端，另一端吸收或放出热量称为热源端。负荷端依据空气调节系统的需求进行制热时，热源端则要从热源——逆卡诺循环中的低温热源吸收热；而负荷端依据空气调节系统的需求进行制冷时，热源端要将负荷端所传输过来的热排至热源——逆卡诺循环中的高温热源。

由此可见，热泵的热源根据其功能的不同具备两个作用：其一，在热泵制热时向热泵供给热量；其二，在热泵制冷时则需吸纳热泵的排热。在向热泵供给热量时，称为热源理所当然。而在吸纳热泵的排热时，则应称其为热汇。但考虑到对于冷热双功能热泵而言，热源与热汇一体，难以区分。因此有时将二者统称为热源，权当热源所供热量为代数值。即，热源的作用在于提供正值热量或负值热量。

1.2.1　热泵热源的一般要求

1. 热泵热源的低品位、可再生属性

我国的很多城市，雾霾天气的日数不减，PM2.5 的浓度居高不下，大气污染相当严重。据全球数据库 NUMBEO 网站 2015 年 2 月 2 日披露，在参与调查的 135 个国家与地区空气质量的排名中，中国位居第 126 位，足见节能减排之任重道远。暖通空调专业作为用能大户，节省能源，减少温室气体以及粉尘的排放，保护环境，应该是责无旁贷。而使用热泵供热，被学者和有识之士认为是重要举措之一。

热泵的制热原理，是在某种动力驱动下，利用热源端的蒸发器从低品位的热源中提取热量，传输至负荷端加热空气或水，得到较高温度的供暖通空调使用的热媒。热泵所供给的热量为从低温热源提取的热量与热泵驱动的能耗之和。因此其制热系数要永远大于 1。但所用热泵欲达到节能的目的，必须做到：第一，热泵制热系数须大于某一临界值。若用电力驱动的热泵供热与效率为 0.7 的燃煤锅炉相比，假设为燃煤火力发电，发电与输电的总效率为 0.31，热泵制热系数的节能临界值应为 2.25；第二，热泵的热源应该是低品位的、可再生的。

（1）热泵热源的低品位属性

热媒，是供暖及通风空调加热所不可或缺的。根据供暖及通风空调加热的末端装置的不同，对于热媒温度有着不同的需求。一般为：散热器供暖，水温≥80℃；地面辐射供暖，水温≥50℃；地面辐射供暖（使用毛细管为加热管），水温≥35℃；通风空调加热，水温≥50℃。由此可见，在水的温度低于 35℃时，已不能直接用于供暖或空调加热。

对于地下水、地表水以及大气等，其温度远低于 35℃。虽已不能直接作为供暖及通风空调加热的热源，但其中仍含有大量的、数量不等的热能。只是长期以来，这些低温热能被弃置不用，白白浪费掉了。自从热泵发明之后，人们才有可能以这种低温的水、大气等作为热泵热源——一般称之为低品位热源、或低位热源、或低温热源。也正因为这一热源的低温属性，在使用制热与制冷双功能热泵时，还有可能在夏季热泵制冷运行时作为热汇，同化热泵热源端释放出的冷凝热。

（2）热泵热源的可再生能源属性

为推动可再生能源的广泛应用，减少石化能源的消耗以及温室气体、粉尘等的排放，我国早在 2006 年就颁发了《中华人民共和国可再生能源法》。对于可再生能源，该法做了如下界定："可再生能源，是指风能、太阳能、水能、生物质能、地热能等非石化能源"。这些非石化能源，除其在利用上是非一次性的、可再生的之外，无排放也是其优点之一。因此，可再生能源也被誉为清洁能源。

在热泵的常用热源中，其所含热量有的来自太阳能，例如：大气、地表水、地下水、浅层地壳岩土等；有的来自地热能，例如地热尾水；而生产废水或生活污水所含热量，则主要来源于在工业和生活的使用过程中所加热量的残留。这些热源，不消耗石化能源，或虽可能消耗石化能源，但系在其排放之前的使用过程之中。而且，其温度状态的呈现或热源本身的供给可每年周而复始，从无间断。因此，可以称为另一种形式的清洁的、可再生能源。

2. 热源的温度要求

作为热泵的热源和热汇，其温度应能满足以下条件：①应能适合于热泵的制冷工况或制热工况的需求；②应能使热泵运行有尽可能高的性能系数；③应能保证热泵正常、安全的运行。

（1）仅在夏季运行的单冷式热泵

单冷式热泵，即水冷、风冷冷水机组以及各种水冷、风冷空调器，一般只在夏季运行。在以大气为热源（汇）时，在全国各地的大气温度之下均可正常运行；在以水为热汇时，多采用配备有冷却塔的冷却水系统为热泵热源端的冷凝器供应冷却水。冷凝器的进出口水温据当地气候条件的不同，一般为30～35℃或32～37℃。单冷式水源热泵机组采用配备冷却塔的冷却水系统，经济适用，技术合理，一般不会另寻热汇。少数场合因不适宜于设置冷却塔，或使用其他热源水有方便条件时，也有使用地表水（海水或江河湖水）作为热泵热汇的实例。地表水的温度，在夏季一般不会高于30℃。在直接使用时要优于配备冷却塔的冷却水系统。

（2）仅在冬季运行的单热式热泵

仅在冬季运行的、单纯供热的热泵，以大气作为热源时，使用正常的单级压缩的压缩机，温度一般不宜低于-10℃。使用喷气增焓压缩机或双级压缩的压缩机时，可低至-20℃。在以水作为热源时，应以热泵热源端蒸发器的出口水温不低于其冰点——淡水为0℃，海水约为-2.8℃为原则。在地埋管热泵系统中，热源为岩土，其媒介水应视具体的温度需求确定是否加入以及加入多大比例的乙二醇等防冻剂。

（3）冬夏季分别运行的冷热双功能热泵

对于冬季制热、夏季制冷的双功能大气源热泵，在夏季以大气作为热汇，在全国各地的大气温度之下都可以正常运行。在冬季以大气作为热源时，单级压缩时大气温度不宜低于-10℃。使用喷气增焓压缩机或双级压缩的压缩机时，可低至-20℃。在以夏季制冷负荷选定机型，冬季热负荷不能满足需求时可视具体情况考虑辅助加热措施。

对于冬季制热、夏季制冷的双功能水源热泵，热源水的温度应既能满足冬季制热的需求，又能满足夏季制冷的需求；在夏季以水作为热源时，其温度一般应在32℃以下；在冬季以水作为热源时，应以热泵热源端蒸发器的出口水温不低于其冰点——淡水为0℃，海水约为-2.8℃为原则。在地埋管热泵系统中，热源为岩土，其媒介水应视具体的温度需求确定是否加入以及加入多大比例的乙二醇等防冻剂。

作为热泵的热源，应该取用方便，低花费或无花费。有可以连续供给的、足够的数量。

各种水类热源，通过管道引入热泵机组热源端的蒸发/冷凝器，与其中的热泵工质进行热交换，然后排出。为保证输送管道的畅通，特别是换热面的清洁，使热交换正常、高效地进行，希望热源水有尽量好的水质。不含或少含杂质及污染物质，不含对金属的腐蚀性物质。但实际选用的各种热源水的水质往往与期待值有较大差距。因此，必须做到以下各点：

（1）视热源水的不同水质，在蒸发/冷凝器进水管道上设旋流除砂、除藻、过滤等装置。热源水与暖通空调的各种循环水相比，水质较差且为直流式，过滤装置的负担较大，Y形过滤器已不适用。应使用有较大面积的滤网，容污量较大的过滤器，且在必要时配置有自动清洁机构。

（2）在热泵机组热源端配备常规的蒸发/冷凝器，而水质明显较差时，如热源水为城市污水或海水等，往往采用间接式系统——设有由换热器及循环泵等组成的中间环节。以避免热泵机组热源端的蒸发/冷凝器被热源水：污染或腐蚀。如使用城市污水时，中间换

热泵常用热源（汇）有关特点表

表 1-1

热源名称	大气	地下水	地表水	土壤	太阳能热水	工业废水	城市污水	城市污水的再生水	冷却塔的冷却水	水环热泵系统的循环水
热能来源	来自太阳能	来自太阳能	来自太阳能	来自太阳能	来自太阳能	来自余热	来自余热	来自余热	散至大气	来自相邻房间及辅助装置（散）热装置
作为热源（汇）的适用性	良好	良好	良好	一般	良好	良好	一般	良好	良好	良好
温度变化	激烈	稳定	波动较小但冬夏差别较大	稳定	波动较大	基本稳定	波动较小，冬夏差别较大	波动较小，冬夏差别较大	随气温变化	按需控制
适用场所	无限制	有地下水蕴藏的地方	沿河、沿海	基本无限制	无限制	邻近工业废水产生地	邻近城市污水干道	邻近城市污水干道	无限制	有内外区的建筑物
作为热源的适用地区	夏热冬冷地区	严寒、寒冷、夏热冬冷地区	寒冷（海水），夏热冬冷地区	严寒、寒冷、夏热冬冷地区	严寒、寒冷、夏热冬冷地区	严寒、寒冷、夏热冬冷地区	严寒、寒冷、夏热冬冷地区	严寒、寒冷、夏热冬冷地区	—	寒冷、夏热冬冷地区
作为热汇的适用地区	无限制	做热源兼做热汇	无限制	做热源兼做热汇	—	做热源兼做热汇	做热源兼做热汇	做热源兼做热汇	无限制	做热源兼做热汇
应用规模	小—中	中—大	中—大	小—中	小	中—大	小—中	中—大	小—大	中
特有问题	制热时蒸发器会结霜，气温低时性能系数降低，甚至无法启动，制热制冷均存在"逆反效应"	地下水应确保全部回灌到同一含水层，且不得受到污染	使用海水时应采取措施防止腐蚀	冬夏季释、吸热量应平衡	由于太阳能辐射强度昼夜变化，应设蓄热水箱	—	水质恶劣，应对进入污水进行初级净化，蒸发/冷凝器或换热器应能可靠清洁	为保证再生水水质，污水处理厂应正常运行	适用于单冷式水—水热泵及水—空气热泵	建筑物应有内、外区，以体现其热回收的功能

热器应能从外部人工清理，或在其内部设自动清洁装置；如使用海水时，换热器应采用耐受海水腐蚀的金属材料制作。

（3）水源热泵系统的直接式系统与间接式系统相比，节省了一套中间换热系统，且其热泵的性能系数也较高，理应优先采用。在热源水质较差的情况下，热泵机组应量体裁衣，针对不同热源水的水质，配备不同材质及构造的热源端蒸发器/冷凝器。如同上述的间接式系统的中间换热器，在使用海水作为热源时采用耐受海水腐蚀的金属材料制作；在使用城市污水作为热源时，其蒸发/冷凝器应设自动清洁装置。

1.2.2 常用热源

1. 热源分类

凡符合上述要求的气态、液态或固态物体均可作为热泵热源，常用的热泵热源分类如下：

按热源所含热能的来源（或散出）分：①热能来自太阳能，如地下水源、地表水源、土壤源及太阳能热水。地下水源、地表水源及土壤属于地球的组成部分，也统称为地源；②热能来自地热能，如地热尾水；③热能来自工业及生活排水中的余热，如工业废水源、城市污水源及城市污水的再生水（中水）源；④热能来自相邻房间、辅助加（散）热装置，如水环热泵系统中的循环水；⑤热能用冷却塔散至大气的冷却水，应用于单冷式水—水、水—空气热泵机组。

2. 热泵常用热源（汇）特征

表 1-1 扼要地载入了热泵各种常用热源的特征。关于各种常用热源的详细论述，见本书第 4 章及第 9～15 章有关部分。

1.3 热泵工质及冷热媒介

1.3.1 热泵工质

若将压缩机比作蒸气压缩式热泵的心脏，那么工质就是热泵的血液。所谓的蒸气压缩式热泵，其中的蒸气即蒸气状态的工质。气态工质经压缩后进入冷凝器向高温物体（或媒介）放热凝结成液态，经节流减压进入蒸发器由低温物体（或媒介）吸收热气化为低压蒸气并再次进入压缩机。依靠工质的这一循环，完成热由低温物体（或媒介）向高温物体（或媒介）的传输。

工质也被称为制冷剂，特别是在制冷技术中。但对于热泵而言，制冷及制热功能兼备，称为制冷剂不如工质确切。

自 20 世纪 30 年代始，空调用热泵所使用的工质为氟利昂 R11、R12 及 R22 等。与第一代的 NH_3 等工质相比，被认为是稳定、安全且热工性能良好的工质。广泛应用在离心式、活塞式及螺杆式热泵中。但在 20 世纪 70 年代，有学者发现氟利昂中的氯原子对臭氧层有巨大消耗，并称在南极上空的臭氧层已因此出现空洞。对臭氧层的耗损，以臭氧耗损潜值 ODP 来表示。该值以 R11 为基准，设定 R11 的 ODP 值为 1。上述工质中，属于氯氟烃（CFC）的 R11、R12 的 ODP 值分别为 1.0 和 0.82。而属于氢氯氟烃（HCFC）的 R22 的 ODP 值则为 0.034。在《关于消耗臭氧层物质的蒙特利尔议定书》（1987 年）以及该议定书的伦敦修正案（1989 年）中，将属于氯氟烃（CFC）的 R11、R12 列为受控物质，并限期淘汰。而属于氢氯氟烃（HCFC）的 R22、R123 等则列为过渡性工质。在议定书的北京修正案（1999年）中，决定发达国家将本国 HCFC 类物质生产冻结在 1989 年生产和消费的水平上，并在此后可以生产不超过其冻结水平的 15％ 来满足国内基本需求；决定发展中国家于 2016 年将本国 HCFC 物质生产冻结在 2015 年生产和消费水平上，并在此后可以生产不超过其冻结水平的 15％ 来满足国内基本需求。与此同时，国际上相继研发出氢氟烃（HFC）物质，如 R134a、R32、R125 以及混合工质 R407c、R410a 等所谓的第三代工质。这些工质的臭氧耗损潜值 ODP 均为零。按照议定书及其诸修正案属非受控物质，成为 CFC 及 HCFC 等的替代工质。常用的 HCFC 及 HFC 工质如表 1-2 所列。

然而，1997 年 12 月《联合国气候变化框架公约》第五次缔约国会议上签署的《京都议定书》中，将 CFC、HCFC，包括 HFC 在内的热泵工质均列为温室气体，并给出了这些工质的温室效应潜值（见表 1-2，CO_2 气体的潜值定为 1）。2016 年 10 月 15 日，在卢旺达首都基加利举行的《关于消耗臭氧层物质的蒙特利尔议定书》第 28 次缔约方大会上，来自近 200 个国家的代表签署了该协议书的基加利修正案，确定在全球范围内减少 HFC 物质的产量：发达国家将在 2019 年以前把 HFC 物质的产量削减 10％，并在 2036 年以前大幅削减 85％。发展中国家冻结 HFC 物质产量的期限分别为 2024 年（中国等发展中国家），与 2028 年（印度等发展中国家）。众多业者为避免臭氧层消耗而苦心研制的所谓的替代物质 HFC，将因其温室效应而被淘汰。基加利修正案已签署，但 HFC 的替代物质尚无着落，起码对于空调热泵而言是如此。为人们寄予希望的是第一代工质的回归。NH_3 是第一代工质中最为常用的，其主要缺点是毒性和潜在的爆炸可能。CO_2 与 NH_3 同为第一代工质，其临界温度低，热力循环处于跨临界或超临界状态。而且，高低压侧均有较高的压力（见表 1-3），由此以及热力性能的不够理想，同样在氟利昂面世后被取代。但在保护臭氧层，特别是在防止全球变暖的新形势下显现的优势，重新为人们所关注。NH_3 与 CO_2 的臭氧耗损潜值 ODP 均为零，而温室效应潜值 GWP 分别为 0 与 1。但是，其当初之所以被淘汰的原因，仍是今后要逐一解决的。

常用热泵工质一览表 表 1-2

代号	化学式	大气寿命	消耗臭氧潜能值	温室效应潜能值	安全级别	被替代工质
		（a）	ODP	GWP(100 年)		
氢氯氟烃类 HCFC						
R22	$CHClF_2$	12	0.050	1810	A_1	R11、R12
R123	$CHCl_2CF_3$	1.3	0.020	77	B_1	R11
氢氟烃 HFC						
R134a	CF_3CH_2F	14	0	1430	A_1	R12
R410A	R32/R125 (50/50)	4.9/29	0	2100	A_1/A_1	R22
R407C	R32/R125/R134a (23/25/52)	4.9/29/14	0	1800	$A_1/A_1/A_1$	R22
R245a	$C_3H_3F_5$		0	190		R123
R152a	$C_2H_4F_2$		0	44		R134a

1.3.2 冷热媒介

热泵的热源端从热源中吸收热量或向热源放出热量，其负荷端向空调设备或房间供冷或供热，往往要借助冷热媒介的传输来完成。

工质工作压力范围比较　　　　　表1-3

工　　质	CO$_2$	R22	R410A
高压工作范围（MPa）	9～12	2～3	3～5
低压工作范围（MPa）	2～4.5	0～0.7	0～1.5

空调用热泵中常用的换热媒介有空气和水（空气和水本身是热源时除外）。水是理想的换热媒介，制冷技术中也称其为载冷剂。但是水只能应用于0℃以上的场合。在低于0℃时，则要使用添加盐或有机化合物的水溶液，以降低其冰点温度。作为冷热媒介的水溶液应满足如下要求：①在使用温度的范围内不凝固、不气化；②无毒，化学稳定性好，对金属无腐蚀；③密度、黏度、导热系数基本与水相当；④来源充裕，价格较低。

按照上述要求，经过权衡筛选，在空调用热泵中，最常用的是以乙二醇水溶液作为冷热媒介。

乙二醇是一种无色微黏液体，沸点为197.4℃，凝固点为−11.5℃。能与水以任意比例混合，形成乙二醇的水溶液。乙二醇的水溶液浓度在60%以下时，水溶液中乙二醇浓度升高，冰点降低；浓度超过60%时则相反，水溶液中乙二醇的浓度升高，冰点也升高。当其浓度达100%，即纯乙二醇液体时，其凝固点为−11.5℃。

乙二醇属低毒类，由于其沸点（197.4℃）高，不会产生蒸汽被人类吸入。

乙二醇在使用过程中氧化呈酸性，对金属产生腐蚀作用。对此应添加硼砂等稳定剂，用来缓冲因乙二醇氧化生成的有机酸；此外，尚应添加磷酸盐等钝化剂，在金属表面形成钝化膜，以防腐蚀。

乙二醇水溶液的热物理性质列于表1-4。

乙二醇水溶液热物理性质表　　　　　表1-4

使用温度（℃）	质量浓度 ξ（%）	密度 ρ（kg/m^3）	比热容 C_p [kJ/(kg・K)]	热导率 λ [w/(m・K)]	动力黏度 μ （10^{3}Pa・s）	冰点 t_f（℃）
0	25	1030	3.834	0.511	3.8	−10.6
−10	35	1063	3.561	0.4726	7.3	−17.8
−20	45	1080	3.312	0.441	21	−26.6
−35	55	1097	2.975	0.3725	90	−41.6

1.4　热泵机组的分类

1.4.1　按工作原理分类

蒸气压缩式；蒸汽喷射式；吸收式；半导体式等。

1.4.2　按配置的蒸气压缩机形式分类

活塞式；涡旋式；螺杆（单螺杆或双螺杆）式；滑片式；滚动转子式；离心式等。

1.4.3　按动力分类

蒸气压缩式热泵按动力可分为：电动机驱动；燃油或燃气发动机驱动。吸收式热泵按动力可分为：蒸汽；热水；燃油或燃气直燃。

1.4.4 按功能分类

制冷；制热；制冷制热双功能（按季节或视需求转换）；制冷兼制热；空气去湿。

1.4.5 按热源或热源端媒介以及负荷端媒介的组合分类

① 大气源热泵机组，也称为空气源热泵，包括大气—空气热泵机组、大气—水热泵机组及空气—空气热泵机组（空气去湿机）；② 水源热泵机组，包括水—空气热泵机组及水—水热泵机组；③ 直接式地埋管地源热泵机组，包括地—空气热泵机组及地—水热泵机组。

最后一种分类方式，提纲挈领，清楚明晰。按此分类方式列出热泵机组分类表（见表1-5）。

热泵机组分类表 表 1-5

序号	热泵机组类别		热源介质	负荷端介质	功能	转换方式	图式	别称
1	大气源热泵机组	大气-空气热泵机组	大气	空气	单冷	—		风冷空调器（窗式、屋顶式、分体式、多联机机房专用）
					冷热	四通换向阀		风冷冷水机组
2		大气-水热泵机组		水	单冷	—		风冷冷水机组
					冷热	四通换向阀		风冷冷热水机组
3	空气源热泵机组	空气-空气热泵机组	空气	空气	去湿	—		空气去湿机
4	水源（介质）热泵机组	水-空气热泵机组	水	空气	单冷	—		水冷空调器
					冷热	四通换向阀		水冷空调器（热泵式）

序号	热泵机组类别		热源介质	负荷端介质	功能	转换方式	图　式	别称
5	水源（介质）热泵机组	水-水热泵机组	水	水	单冷	—	空调冷水　　　冷却水	水冷冷水机组
					冷热	水管路阀门	热源/空调供回水　　热源/空调供回水	水源热泵机组（水冷单元空调机、水源热泵机组，水源多联机）
						四通换向阀	空调供回水　　热源供回水	
6	直排式地埋管地源热泵机组	地-空气热泵机组	地基着土	空气	冷热	四通换向阀	室内空气　　　地坪	—
		地-水热泵机组		水	冷热	四通换向阀	空调冷热水　　地坪	—

第 2 章　蒸气压缩式热泵机组的热力学基础

2.1　蒸气压缩式热泵机组的典型流程

如图 2-1 所示，蒸气压缩式热泵机组由压缩机、冷凝器、节流机构及蒸发器 4 个基本器件组成。各器件之间以管道相连，内充热泵工质。其工作原理是，工质在压缩机、冷凝器、节流机构及蒸发器内相继进行压缩、放热冷凝、节流降压以及吸热蒸发等 4 个热力过程，完成热泵循环，实现热从低温物体（或媒介）向高温物体（或媒介）的传输。

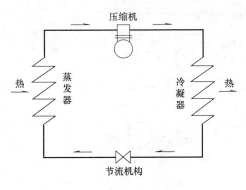

图 2-1　热泵典型流程图

热泵机组除了制冷同时制热者之外，均可根据空调的要求将为之制冷或制热的一端称为负荷端，另一端放出或吸收热则称为热源（汇）端。在制冷时，蒸发器为负荷端，冷凝器为热源（汇）端。空调房间的热由媒介携带被蒸发器吸收，经热泵循环由冷凝器散发至媒介，再由媒介传至热源（汇）。而在制热时，冷凝器为负荷端，蒸发器为热源端。蒸发器通过媒介由热源吸热，经热泵循环，由冷凝器经媒介供给空调房间。

2.2　逆卡诺循环

卡诺循环也称热机循环，是把热能转换为机械能的理想循环。在热力图上是顺时针的。而逆卡诺循环，也称热泵循环，即消耗一定的能量，使热由低温热源流向高温热源的循环。在热力图上是逆时针进行的。逆卡诺循环的 T-S 图如图 2-2 所示。

逆卡诺循环的高低温热源的温度（T_H、T_L）是恒定的。工质沿等熵线 3-4 绝热膨胀，温度由 T_H 降至 T_L；然后在低温热源的温度 T_L 下沿等温线 4-1 吸热膨胀，从低温热源吸收热量 q_c；再沿等熵线 1-2 绝热压缩至状态 2，温度从 T_L 升至 T_H；最后，工质在高温热源的温度 T_H 下，沿等温线 2-3 进行等温放热，向高温热源放出热量 q_h。这样，每一次循环通过 1kg 工质将热量 q_c 从低温热源转移至高温热源，其消耗的功 ΣW 也转为热传给高温热源，即：

$$q_h = q_c + \Sigma W \qquad (2-1)$$

由图 2-2 可推得：

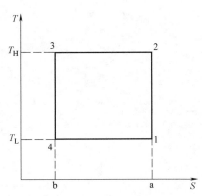

图 2-2　逆卡诺循环的 T-S 图

$$q_c = T_L(S_1 - S_4) = T_L(S_a - S_b) \tag{2-2}$$

$$\Sigma W = (T_H - T_L)(S_a - S_b) \tag{2-3}$$

$$q_h = q_c + \Sigma W = T_L(S_a - S_b) + (T_H - T_L)(S_a - S_b)$$
$$= T_H(S_a - S_b) \tag{2-4}$$

在热泵机组用作制冷时，其逆卡诺循环的制冷系数为：

$$COP_{c.c} = \frac{q_c}{\Sigma W}$$
$$= \frac{T_L(S_a - S_b)}{(T_H - T_L)(S_a - S_b)}$$
$$= \frac{T_L}{T_H - T_L} \tag{2-5}$$

在热泵用作制热时，其逆卡诺循环的制热系数为：

$$COP_{h.c} = \frac{q_h}{\Sigma W}$$
$$= \frac{q_c + \Sigma W}{\Sigma W}$$
$$= COP_{c.c} + 1 \tag{2-6}$$

或　$$COP_{h.c} = \frac{q_h}{\Sigma W}$$
$$= \frac{T_H(S_a - S_b)}{(T_H - T_L)(S_a - S_b)}$$
$$= \frac{T_H}{T_H - T_L} \tag{2-7}$$

由式（2-6）可见，热泵的制热系数永远大于1；由式（2-5）及式（2-7）可见，制冷系数与制热系数的大小与工质种类无关，仅取决于高低温热源的温度。高温热源的温度 T_H 越高，低温热源的温度 T_L 越低，制冷系数或制热系数越小，反之越大。

2.3　蒸气压缩式热泵的理论循环

理想循环在于说明原理，实际上不可能实现，也不可能获得热泵循环的状态参数。蒸气压缩式热泵，是利用工质的压缩、冷凝、节流和蒸发的循环，来实现热从低温物体向高温物体的传输的。在对其进行分析计算时，最具指导意义的是压焓（p-h）图所表示的蒸气压缩式热泵的理论循环。图 2-3 为空调用热泵常用的单级压缩理论循环的压焓（p-h）图。

图 2-3 中 P_c 为工质的冷凝压力，P_e 为工质的蒸发压力。1-2 为压缩机内的等熵压缩过程；2-2′ 及 2′-3 为等压冷却及冷凝过程；3-4 为绝热节流过程；4-1 为等压蒸发过程。当热泵循环的各状态参数确定后，便可在 p-h 图上确定各状态点及循环过程，并可进行理论循环的热力计算。

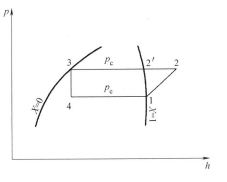

图 2-3　单级压缩理论循环 p-h 图

（1）单位质量工质的制冷量（负荷端）或吸热量（热源端）

$$q_c = h_1 - h_4 (\mathrm{kJ/kg}) \tag{2-8}$$

（2）单位质量工质的压缩功

$$w = h_2 - h_1 (\mathrm{kJ/kg}) \tag{2-9}$$

（3）单位质量工质的放热量（热源端）或制热量（负荷端）

$$q_h = h_2 - h_3 = (h_1 - h_4) + (h_2 - h_1) \tag{2-10}$$
$$= q_c + w (\mathrm{kJ/kg})$$

（4）热泵循环的理论制冷系数

制冷工况时单位制冷量与单位压缩功之比，用 $COP_{c.t}$ 表示，即：

$$COP_{c.t} = \frac{q_c}{w} = \frac{h_1 - h_4}{h_2 - h_1} \tag{2-11}$$

由式（2-11）与图 2-3 可见，热泵在制冷时，当制冷工况确定时，冷凝温度（及相对应的冷凝压力）越高，则单位压缩功越大，热泵的制冷系数越小；反之，冷凝温度（及相对应的冷凝压力）越低，则单位压缩功越小，热泵的制冷系数越大。

（5）热泵循环的理论制热系数

制热工况时单位制热量与单位压缩功之比，用 $COP_{h.t}$ 表示，即：

$$COP_{h.t} = \frac{q_h}{w} = \frac{h_2 - h_3}{h_2 - h_1} \tag{2-12}$$

或

$$COP_{h.t} = \frac{q_c + w}{w} = COP_{c,t} + 1 \tag{2-13}$$

由式（2-12）与图 2-3 可见，热泵在制热时，当制热工况确定，蒸发温度（及相对应的蒸发压力）越低，则单位压缩功越大，热泵的制热系数越小。反之，蒸发温度（及相对应的蒸发压力）越高，则单位压缩功越小，热泵的制热系数越大。另由式（2-13）可见，热泵在制热工况时，其制热系数是永远大于 1 的。这是因为，热泵制热的实质是基于热的传输。而燃料燃烧或光、电转化成热，其效率则不可能超过 1。

2.4 双级压缩模式

上述的蒸气压缩式热泵机组的典型流程，属单级压缩模式。单级压缩热泵机组在空调应用中是最基本、最常见的。但在某些场合，如低环境温度的大气源热泵机组，单机压缩模式难以满足使用要求；或者在希望得到更高能效的场合，往往要采用双级压缩甚至三级压缩（如双级与三级离心式水冷冷水机组），以及准双级压缩。

双级压缩模式应用于低环境温度大气源热泵机组，是目前"风冷北扩"（详见第 4.3 节）的热点议题之一。

双级压缩在低温制冷中早有应用。低温制冷若采用单级压缩，会出现低压侧回气质量不足，高压侧排气温度过高，以及因压缩比过大而导致的功耗增加。为此，往往采用双级压缩制冷，或复叠式制冷。

双级压缩配置低压与高压两级压缩机以及中间冷却器。对于氟利昂工质而言，有双级节流不完全冷却双级压缩与单级节流不完全冷却双级压缩两种模式。低环境温度下制热运行的大气源热泵机组，与低温制冷机相比较，虽制热与制冷的需求不同，但都是从低温物体向高温物体泵送热量。单机压缩时的循环过程、参数以及存在的问题是相同或相似的。比照低温制冷，在低环境温度大气源热泵机组中采用双级压缩也是可行的。

为此，我国学者对此进行了卓有成果的研究，并推出了适用于寒冷地区的双级压缩变频空气源热泵系统（Two-Stage Compression Variable Frequency Air Source Heat Pump，简称 TV-ASHP）。以低压级采用变频涡旋式压缩机，高压级采用定速涡旋式压缩机，标准制冷量为 16kW 的 TV-ASHP 机组为例，进行了试验研究和理论分析。

机组采用了一级节流不完全冷却双级压缩，流程与制热循环压焓图见图 2-4 及图 2-5。

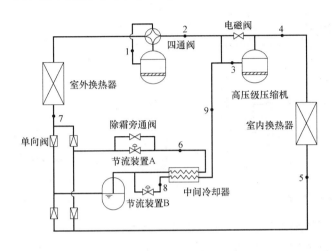

图 2-4　双级压缩变频空气源热泵系统

如图 2-4 与图 2-5 所示，在制热工况下，室外换热器中吸热蒸发的低压气态工质进入低压级压缩机，经压缩并与来自中间冷却器经节流装置 B 的气态工质混合后，进入高压级压缩机。高压级压缩机的排气进入室内换热器放热冷凝，成液态工质。液态工质流出后分主、辅两个回路。主回路液态工质于中间冷却器中被冷却，呈过冷状态，经节流装置 A 进入室外换热器蒸发吸热；辅助回路液态工质经节流装置 B 之后，进入中间冷却器蒸发并对主支路进入的液态工质进行冷却，然后与来自低压级压缩机的中压气态工质混合后进入高压级压缩机，完成循环。在 环境温度与热负荷发生变化时，可通过变频方式对低压级压缩机进行调速。在单机压缩的情况下即可满足需求时，可停止高压级压缩机的运行，关闭节流装置 B，打开旁通电磁阀。

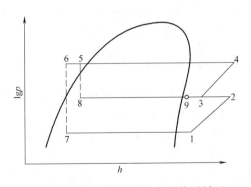

图 2-5　双级压缩变频空气源热泵循环

试验与理论分析表明，在冷凝温度 50℃和蒸发温度−25℃的工况下，系统制热性能系数高于 2.0，高压级压缩机排气温度低于 120℃，制热量可以满足用户需求；实验验证系统可靠，可以在−18℃以上的室外低温环境中不用辅助热源即可满足寒冷地区冬季供暖需要。

大金空调公司于 2008 年推出二级压缩大气源 VRV 产品，用于寒冷地区的空调供冷与供热。

二级压缩大气源 VRV 产品所采用的是二级节流不完全冷却双级压缩，其原理示意及压焓图见图 2-6 及图 2-7。制热工况时，高压气态工质在室内机中散热冷凝，成液态工质。然后经一级节流进入中间冷却器，分离出的气态工质与低压级压缩机送出的中压气态工质混合后，进入高压级压缩机。在中间冷却器中分离出部分气态工质后，剩余的液态工质被冷却，并经二级节流进入室外机，蒸发吸热。蒸发后的低压气态工质进入低压级压缩机，经压缩后与中间冷却器分离出的中压气态工质混合，进入高压级压缩机，压缩后送入室内机完成循环。

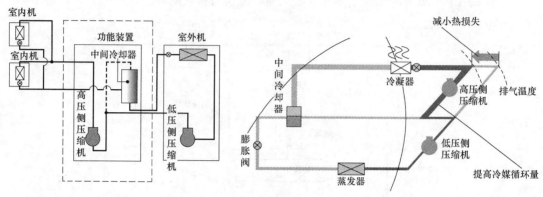

图 2-6　二级压缩 VRV 原理示意图　　　　图 2-7　二级压缩 VRV 压焓图

据介绍，该二级压缩大气源 VRV 的主要特点为：

（1）与单级压缩相比，制热功能启动快，除霜可靠及时，可做到快速、稳定制热；

（2）高效制热，以 14hp 机组为例，在室外温度为 −10℃时的冷热比仍达到 1：1，相较 VRVⅢ系列，提高 18%；

（3）室外气温 −10℃时，系列产品的 COP_h 均可达到 3.0 以上。

如图 2-6 可见，二级压缩的大气源 VRV 的高压级压缩机和中间冷却器单独组合在所谓的功能模块中。该模块与通常的大气源 VRV 的室外机并列安装，互相之间以工质管道及电控线路相连。二级压缩大气源 VRV 的室外机规格性能见表 4-9。

2.5　准双级压缩模式

准双级压缩，也称为中间补气压缩、喷气增焓压缩。由于其低压级与高压级压缩在同一台压缩机内完成，也称为单机双级压缩。

前面所述的双级压缩，是在低压级与高压级两台压缩机中分别进行的。而准双级压缩，是在压缩机的进气口与排气口之间开设了一个中压气体的进气口，也称中间补气口。压缩机的进气口与补气口之间形成低压段，而补气口与排气口之间则形成高压段。图 2-8 为涡旋式压缩机在准双级压缩时的接管示意。

准双级压缩，除在压缩机上开设中间补气口之外，中间冷却器（也称经济器或过冷器），是十分关键的。与双级压缩相似，准双级压缩也分为一级节流及二级节流两种方式（图 2-9 及图 2-10）。一级节流方式的中间冷却器，一般采用板式换热器。而二级节流方式的中间冷却器则采用闪蒸器。两种节流方式的制热循环压焓图见图 2-11 及图 2-12。

由图 2-9 及图 2-11 可见，一次节流准双级压缩的流程，在制热工况时：负荷端蒸发/冷凝器处于冷凝过程，供出的液态工质分成主、辅两个回路。辅助回路的液态工质经节流

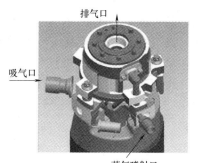

图 2-8　准双级涡旋式压缩机接管示意

后进入经济器，吸热蒸发成中压气态工质，再进入压缩机中间补气口，与低压段压缩之后的气态工质混合。流经主回路的液态工质，在进入经济器后被辅助回路进入的液态工质蒸发冷却，呈过冷状态。节流后进入热源端蒸发/冷凝器，由大气吸热蒸发。蒸发后的低压气态工质，由进气口进入压缩机，经低压段压缩之后与补气口进入的中压气态工质混合，然后进入高压段。压缩完成后进入负荷端蒸发/冷凝器，完成循环。制冷工况时的流程与制热工况基本相同，只是依靠四通换向阀，负荷端蒸发/冷凝器与热源端蒸发/冷凝器的功能发生了转换。

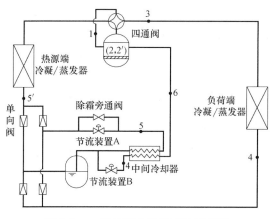

图 2-9　一级节流准双级压缩原理图

图 2-10　二级节流准双级压缩原理图

而二级节流方式则采用闪发式经济器（见图 2-10 及图 2-12），其循环过程与一级节流不同之处在于：供热工况时，由负荷端蒸发/冷凝器供出的液态工质，经一次节流后进入经济器，分离出的中压气态工质送入压缩机中间补气口，与低压段压缩之后的气态工质混合。在经济器中蒸发分离出部分气体之后，剩余的液态工质被冷却，经二级节流后进入热源端蒸发/冷凝器，蒸发并由大气吸热。蒸发后的低压气态工质由进气口进入压缩机，经低压段压缩之后与中间补气口进入的、经

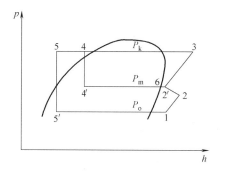

图 2-11　一级节流准双级压缩压焓图

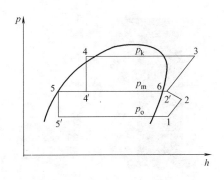

图 2-12　二级节流准双级压缩压焓图

济器中分离出的中压气态工质混合，经高压段压缩后送入负荷端蒸发/冷凝器，冷凝放热，完成循环。准双级压缩在冷藏或空调用螺杆式制冷压缩机中早有应用，称为带经济器的螺杆式压缩机。研究表明，对于蒸发温度在−15～−40℃范围内，采用带经济器的螺杆式压缩机制冷量可增大19％～44％，制冷系数提高 7％～30％，在−30℃的工况下，可替代双级压缩。由此可见，带经济器的螺杆式压缩机应用于较大容量的低温环境大气源热泵机组，是完全可行的。

为适应小容量的低温环境大气源热泵机组的需求，国内外学者对于涡旋式、滚动转子式等压缩机应用于准双机缩，进行了开发研究。我国学者率先试制出涡旋式准双级压缩的样机及试验装置，依据对于样机的试验测定，进行了深入的理论分析。

该样机采用一级节流方式（见图 2-13 及图 2-11）。样机负荷端及热源端均以水为媒介进行模拟。经试验测试，制热工况下的准双级压缩及单级压缩时的各项指标列于表 2-1 中。

样机按照不同系统工作时的性能比较　　　　　　　　　　　　　　　表 2-1

工况	系统及性能比较		制热量(W)	输入功率(W)	COP_h	排气温度(℃)
$t_0 = -12℃$ $t_k = 45℃$	普通系统		8038	3308	2.43	106
	补气系统		8484	3360	2.52	101
	性能比较	绝对值	446	63	0.09	−5
		相对值	5.5％	1.6％	3.7％	—
$t_0 = -15℃$ $t_k = 45℃$	普通系统		6666	3045	2.19	116
	补气系统		7239	3121	2.32	110
	性能比较	绝对值	573	76	0.13	−6
		相对值	8.6％	2.5％	6.0％	—

注：绝对值＝补气系统的性能−普通系统的性能；相对值＝（绝对值÷普通系统的性能）×100％。

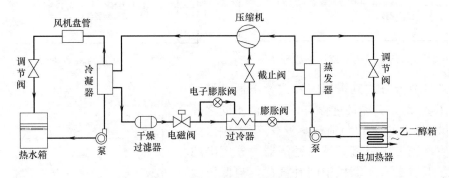

图 2-13　样机系统的工作原理

根据表 2-1 等测试结果，以及所采用的一级节流准双级压缩的压焓图，得出以下结论：

（1）样机可以在−15℃的低温环境中稳定、可靠地运行，具有足够的制热量，能满足低温环境的供暖要求（由于送入冷凝器的过冷以及补气后工质质量流量的增加）。

（2）中间补气可以增加机组的制热量和功率消耗。但制热量的增加速度大于功耗增加的速度。因此，通过补气可以提高系统的 COP_h。随着蒸发温度的升高，补气改善 COP_h 的效果越来越小。当蒸发温度高于 $-10℃$ 时，补气带来的效果可以忽略。

（3）中间补气可以明显降低压缩机的排气温度。机组在低温工况下运行时，排气温度是稳定的，且始终未超过 $130℃$ 的限制。

2.6 三级压缩模式

三级压缩模式与双级压缩模式的原理是相同的。出于提高机组能效，最大限度避免低负荷时出现喘振的目的，结合离心式压缩机本身的特点，特灵空调于 1981 年推出三级压缩模式的单冷离心式水—水热泵机组（即三级压缩离心式水冷冷水机组）。

该三级压缩离心式冷水机组，装有三级叶轮（见图 2-14），并配置有双级经济器（见图 2-15）。

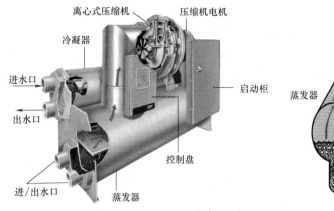

图 2-14 三级压缩离心式冷水机组外观

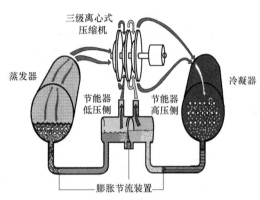

图 2-15 双级经济器原理图

三组叶轮同轴封闭，与电机直连，紧凑、高效、可靠。双级经济器中装设复式孔板节流装置，可以避免浮球阀或膨胀阀引起的机组故障。

机组内工质循环的压焓图见图 2-16。由图可见，第三级压缩之后的高压气态工质（状态点 5、压力 P_0）进入冷凝器。冷凝并成为液态工质（状态点 6）经第一级节流进入经济器。在经济器内产生的闪发气态工质与第二级压缩后的气态工质（状态点 4、压力 P_1）混合，进入第三级叶轮。产生闪发蒸气之后余下的液态工质过冷（状态点 7）并经第二级节流，再次产生的闪发气态工质与第一级压缩后的气态工质（状态点 3、压力 P_2）混合，进入第二级叶轮。最终余下的液态工质过冷（状态点 8），经第三级节流后进入蒸发器（状态点 1、压力 P_e），蒸发完成之后（状态点 2），进入第一级叶轮。压缩之后（状态点 3），接续上述循环过程。

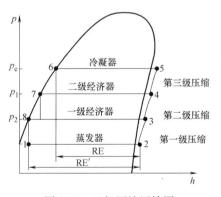

图 2-16 三级压缩压焓图

由压焓图（图 2-16）可见，经双级经济器两次过冷后的液态工质蒸发时的制冷量为

RE。无经济器时的制冷量为 RE'。二者相比较，可见制冷量的增加。据介绍，这种三级压缩与双级经济器的完美组合，可提高机组能效 7% 左右。

2.7 热回收模式

一般而言，热泵机组在进行制冷运行时，其冷凝热将散发至大气、土壤以及水等热源（汇）之中，是不加以利用的。

冷凝热的大小为机组制冷量与压缩机输入功率之和，即相当于制冷量的大约 1.15～1.4 倍。如此可观的热量若能加以利用，对于节能减排而言，是很有意义的事情。

热泵机组在制冷时的冷凝热的有效利用，通常称为热回收。但是，热回收的实现必须具备两个条件。

首要条件是有需求，即在热泵机组进行制冷运行的时段内，有可利用其冷凝热进行加热的对象。较早实施热回收的例子是我国研发生产的 LHR－20A 立柜式恒温恒湿机组。该机组实质上是一台水—空气热泵机组。在负荷端的空气媒蒸发/冷凝器之外，增设空气媒副冷凝器。在机组制冷运行时，以副冷凝器作为被处理空气的二次加热之用。当前，热泵机组热回收使用较多的场合有，利用大气源热泵机组及水源热泵机组等的冷凝热，来加热住宅、宾馆及医院等的生活热水。

第二个条件是要可行，即能满足被加热对象的对于温度和热量的需求。由表 4-16、表 4-17，表 5-9、表 5-10 所列热回收热泵机组的性能可见，供给热水的温度达 45～63℃，是可以用作生活热水的。而就热量的大小而言，在住宅、宾馆及医院等利用冷凝热加热生活热水的场合，按其空调负荷选定的热泵机组所散发的冷凝热，一般均远大于生活热水加热所需热量。在设有数台机组时，只需部分机组具备热回收功能即可满足要求。但应注意到，热回收系机组制冷运行的副产品，具有被动和不均衡的特点，在机组按空调需求，启停或调节出力时，热回收亦随之启动、停止或变化，与生活热水的加热需求难以同步。因此，被加热对象须装备有储水箱等调节设备。

具备热回收功能的大气源热泵机组与水源热泵机组，实质上是前面所叙述的制冷兼制热的热泵机组。这种机组最大限度地发挥了热泵的节能特质。与非热回收的机组相比，虽因冷凝温度偏高导致其制冷系数略有降低，但仍有着较高的综合性能系数。其数值为制冷系数与制热系数之和。

具备热回收功能的热泵机组与普通热泵机组的最大差别是：在空气媒或水媒主冷凝器之外，增设一组副冷凝器。在热泵进行制冷运行时，副冷凝器以冷凝热对热回收的对象——水或空气，进行加热。主冷凝器则需负担把热回收之外的剩余冷凝热，或热回收暂时中止时的全部冷凝热，散发至冷却水或大气。

主、副冷凝器，也可以同一壳体中装配主、副盘管的形式出现，即双盘管冷凝器。

副冷凝器与主冷凝器，可根据需求，串联或并联。以水源热泵机组（含水冷冷水机组）为例的串联与并联流程见图 2-17 及图 2-18。

副冷凝器与主冷凝器串联，副冷凝器靠近压缩机排气口的一侧，其特点是可以得到较高的加热温度，但前提是非全部热回收。因此，凡采用主、副冷凝器串联方式的机组，也称为部分热回收式。而副冷凝器与主冷凝器并联，加热温度相对较低，但热回收可以是全部的。凡采用主、副冷凝器并联方式的机组，也称为全热回收式。

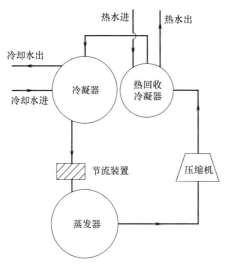

图 2-17　主副冷凝器串联流程

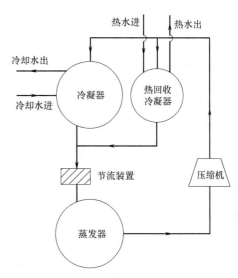

图 2-18　主副冷凝器并联流程

2.8　冰蓄冷模式

冰蓄冷是众多蓄冷方式中的一种。按着蓄冷介质的不同，蓄冷方式可分为：水蓄冷、共晶盐蓄冷及冰蓄冷等三类。其中，冰蓄冷的蓄冷装置外形紧凑，技术成熟，应用最多。

冰蓄冷，是水—水热泵机组及大气—水热泵机组（在冰蓄冷系统中统称为主机）在制冷运行时的一种模式。在电力供应的低谷时段，主机以制冰工况运行，制冰蓄冷。在电力供应的高峰时段，融冰释冷，单独或与转入制冷工况的主机一起为空调供冷。

冰蓄冷模式主要适用于：实施分时电价、利用低谷时段的廉价电力、谋求节省运行费用的场合；不定期、间断使用的体育馆、剧场等；采用低温空调系统或区域供冷的场合。

人类活动在每天的时间是趋同的，导致了资源利用的不平衡。较为典型的是，电力消费的高峰与低谷的形成。在高峰时段，电力往往供不应求；而在低谷时段，则供大于求，甚至导致部分供电设施停止运行。为此，实施移峰填谷，平衡电网负荷率，充分发挥现有设施的能力。如修建蓄能电站，在电力部门内部进行自我调节，或在市场上对客户实施分时电价的政策，期待以此为经济杠杆，鼓励客户在用电时间上做出有利于移峰填谷的选择。

2010 年我国部分地区工商业用电的分时电价如表 2-2 所示。

国内部分地区分时电价表　　　　　　　　　　　　　　表 2-2

地区	电价(元/kWh)			
	尖峰	高峰	平段	低谷
北京	1.345	1.231	0.766	0.326
上海	—	1.138	0.71	0.268
深圳	—	1.0897	0.8709	0.2495
浙江	1.368	1.07	—	0.415
江苏	—	0.829		0.356

续表

地区	电价(元/kWh)			
	尖峰	高峰	平段	低谷
四川	—	1.19	0.76	0.33
福建	—	0.8558	—	0.5422
安徽	—	0.8567	0.5718	0.3594
江西	—	1.1445	0.763	0.3815
河北	1.2541	1.2091	0.846	0.4381
陕西	—	1.2824	0.8696	0.4568
辽宁	—	1.4416	0.848	0.424

根据统计，在一些夏季炎热、经济发达的大城市中，空调用电的高峰负荷可达城市总用电负荷的 30%～50%。毫无疑问，作为用电大户，空调用电时间的调整，应该成为电力部门移峰填谷的主要对象之一。由此，空调冷源的蓄冷模式，格外受到关注。一般而言，当峰谷电价比不低于 3:1，回收投资差额的期限不超过 5 年，采用蓄冷模式是合理的、可行的。

2.8.1 全量蓄冷与非全量蓄冷

1. 全量蓄冷

全量蓄冷，主机在电力供应的低谷时段以制冰工况运行，制冰并蓄存空调全日所需冷量。在非低谷时段，主机停止运行，由蓄冷装置融冰释冷，满足空调全天各时段冷负荷需求。

图 2-19 所示为某建筑物空调逐时冷负荷分布示例。由图可见，14:00～15:30 空调负荷最大，为 1100kW。空调日需冷量 8640kWh。图中所示最大冷负荷及逐时冷负荷，为非蓄冷模式下空调主机选型及主机运行时逐时冷量输出的依据。在采用全量蓄冷时，建筑物空调逐时冷负荷分布及蓄冷策略安排如图 2-20 所示。由图可见，主机设计冷量 617kW。在低谷时段的 0:00～8:00 运行蓄冷 4937kWh，18:00～24:00 运行蓄冷 3703kWh，合计 8640kWh，等于空调日需冷量的全部。在非低谷时段的 8:00～18:00，蓄冷装置释冷，满足空调冷负荷的需求。

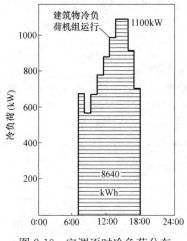

图 2-19　空调逐时冷负荷分布

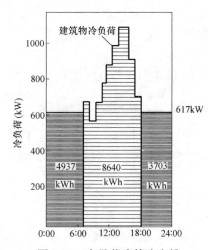

图 2-20　全量蓄冷策略安排

2. 非全量蓄冷

非全量蓄冷，主机在电力供应的低谷时段以制冰工况运行，蓄存空调全日冷量的一部分。在非低谷时段，由蓄冷装置融冰释冷与转入制冷工况运行的主机，共同满足空调负荷需求。建筑物空调逐时冷负荷分布及非全量蓄冷策略安排如图 2-21 所示。由图可见，主机设计冷量为 360kW。在低谷时段的 0：00～8：00 运行蓄冷 2880kWh，18：00～4：00 运行蓄冷 2160kWh，计 5040kWh，只相当于全天所需冷量的 8640kWh 的一部分。非低谷时段，由蓄冷装置的释冷与转入制冷工况的主机共同满足空调冷负荷的需求。

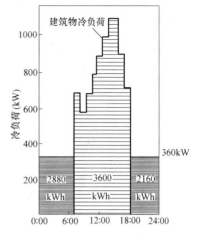

图 2-21　非全量蓄冷策略安排

2.8.2　间接式冰蓄冷的系统形式

最常使用的、以乙二醇为载冷剂的间接式冰蓄冷模式，其系统流程图包括并联式及串联式两种，串联式系统又分为主机上游与主机下游。

1. 并联式系统

并联式系统流程见图 2-22，其运行程序见表 2-3。非全量蓄冷时，包括表中所有工况。而全量蓄冷时只有其中蓄冰，与蓄冰槽供冷两种工况。

并联式系统各种运行工况汇总表　　　　　　　　　　　　表 2-3

工　　况	泵 P1	泵 P2	阀 V1	阀 V2	阀 V3	阀 V4	制冷机	蓄冰槽
蓄冰	开	关	关	开	关	开	开	开
制冷机供冷	开	开	开	开	关	关	开	关
蓄冰槽供冷	关	开	开	关	调节	调节	关	开
制冷机与蓄冰槽同时供冷	开	开	开	开	调节	调节	开	开

2. 串联式系统

串联式系统流程见图 2-23，其运行程序见表 2-4。

串联式系统各种运行工况汇总表　　　　　　　　　　　　表 2-4

工　　况	泵 P1	阀 V1	阀 V2	阀 V3	阀 V4	制冷机	蓄冰槽
蓄冰	开	关	开	关	开	开	开
制冷机供冷	开	开	关	开	关	开	关
蓄冰槽供冷	开	开	关	调节	调节	关	开
制冷机与蓄冰槽同时供冷	开	开	关	调节	调节	开	开

2.8.3　冰蓄冷系统的主要设备

冰蓄冷系统的主要设备包括主机、基载机、冰蓄冷装置、板式换热器及管路阀门。

1. 主机

全量蓄冷场合，主机只以制冰工况运行；而非全量蓄冷场合，主机根据需要交替在制冷与制冰两种工况下运行。通常称为双工况主机。主机多采用螺杆式，在冷量较大时可采用离心式。各类主机的冷量范围及制冷系数推荐值可参考表 2-5。

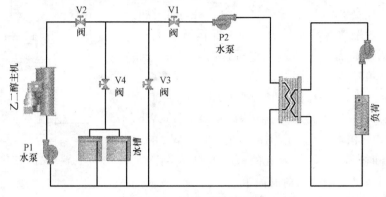

图 2-22　并联系统流程图

双工况主机特性　　　　　　　　　　　　　　　　　　　　　　　　　表 2-5

双工况主机类型	制冷系数(COP)		制冷量范围(制冷工况)	
	制冷工况	制冰工况	(kW)	(RT)
螺杆式	4.1～5.4	2.9～3.9	180～1900	50～550
离心式	5～5.9	3.5～4.5	700～7000	200～2000

　　注：制冷工况，冷却水进/出水温 32℃/37℃，载冷剂供/回温度 7℃/12℃；
　　　　制冰工况，冷却水进/出水温 30℃/35℃，载冷剂供给温度－5.5℃。

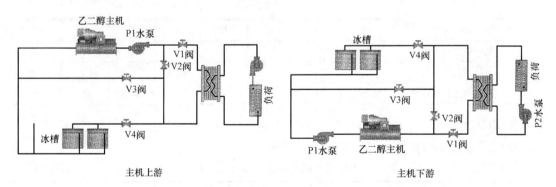

主机上游　　　　　　　　　　　　　　主机下游

图 2-23　串联系统流程图

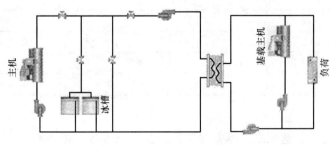

图 2-24　基载机安装示意图

2. 基载机

在蓄冷时段仍有较大空调负荷时，应单独设置直接向空调系统供冷的冷水机组，通常称为基载机。基载机运行为单一的制冷工况。基载机设于负荷侧，与板式换热器并联安装，如图 2-24 所示。

3. 冰蓄冷装置

冰蓄冷装置，俗称冰槽。各类冰蓄冷装置的制冰方式、适用场合及优、缺点列于表 2-6 中。

常用冰蓄冷装置的技术特点 表 2-6

名称	系统特点	制冰方式	优点	缺点
冰盘管蓄冰	外融冰采用直接蒸发式制冷，开式蓄冷槽；蓄冰率低，一般不大于50%	盘管换热器浸入水槽。管内流动制冷剂，管外结冰最大厚度一般为36mm	直接蒸发式系统可采用 R22 或氨作为制冷剂；供应冷水温度可低至0～1℃；瞬时释冷效率高；组合式制冷效率高	制冰蒸发温度低；耗电量增高；系统制冷剂量大，对管路的密封性要求高；空调制冷系统通常为开式或需采用中间换热形成闭式
	外融冰采用乙二醇水溶液作为载冷剂，开式蓄冷槽，蓄冰率低，一般不大于50%	盘管换热器浸入水槽。管内通低温乙二醇水溶液作为载冷剂，管外结冰最大厚度一般为36mm	常采用乙二醇水溶液作为载冷剂；供应冷水温度可低至1～2℃；瞬时释冷速率高；塑料盘管耐腐蚀较好	制冰蒸发温度低；耗电量高；系统制冷剂充量少，但需充载冷剂量；空调供冷系统通常为开式或需采用中间换热形成闭式
	内融冰采用乙二醇水溶液作为载冷剂，多数为开式蓄冷槽，蓄冰率高，一般可达75%～90%	钢或塑料材料的盘管换热器进入水槽。管内通低温乙二醇溶液，管外结冰厚度10～26mm，或采用完全结冰	常采用乙二醇水溶液作为载冷剂；供应冷水温度可低至2～4℃；塑料盘管耐腐蚀性较好；钢盘管换热性能好，取冷速率均匀	制冰蒸发温度稍低；多一个换热环节；系统充制冷剂少，充载冷剂量较大
封装式蓄冰	冰球、蕊心冰球、冰板，容器内充有去离子水，采用乙二醇水溶液作为载冷剂，开式或闭式蓄冷槽	容器浸沉在充满乙二醇水溶液的贮槽（罐）内，容器内的去离子水随乙二醇水溶液的温度变化——结冰或融冰	故障少；开始取冷时可取的冷量较大；供应冷水温度开始可低至3℃；耐腐蚀；槽（罐）形状设置灵活	蒸发温度稍低；载冷剂（乙二醇溶液）需要量大；蓄冷容器可为承压或非承压型，空调供冷系统可采用开式或闭式；非承压开式系统应易逆流倒灌；释冷后期通常供冷温度大于3℃，释冷速率变化较大，后期温度升高快
动态制冰	片冰滑落式采用直接蒸发，蒸发板内流动制冷剂，蒸发板外淋冷水，结冰后，冰块贮于槽内	制冷剂在蒸发时吸收蒸发板外水的热量而在蒸发板外结冰，冰厚至5～9mm时，用热气体除霜使冰层剥落后再继续制冰	占地面积少；供冷温度较低，可达1～2℃；释冷效率高；不用载冷剂，系统简单；贮冰槽在冬季也可作为热水槽用	冷量损失大；机房高度一般要求大于或等于4.5m；通常用于规模较小的蓄冷系统；系统维护、保养技术要求较高

2.9 "自由冷却"模式

"自由冷却"是在不消耗电能的前提下，即可由热泵机组产生空调用冷水的形象比喻。"自由冷却"是在热泵装置中所实施的、非热泵运行模式。"自由冷却"模式较早用于单冷式三级压缩离心式水—水热泵机组（三级压缩离心式水冷冷水机组），并在实际工程中经过运行试验，得到满意效果。

水冷冷水机组在夏季进行制冷运行时，冷却水温度高于空调冷水温度，为迫使热由冷水传至冷却水，达到制冷的目的，要输入电能，启动机组运行。在夏季之外的季节，建筑物内区仍需供给空调冷水，冷却水温度已低于所需冷水温度时，则可以使空调冷水中的热自发地传到冷却水中，即所谓的"自由冷却"。

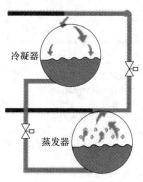

图 2-25 "自由冷却"
原理示意图

为此，在该冷水机组中，将其冷凝器与蒸发器以上升与下降两根管道连接起来，见图 2-25。

当机组进行通常的制冷运行时，上升与下降管上的阀门是关闭的。当进入"自由冷却"模式时，将两阀门开启。根据工质会流向最冷部分的原理，若流过冷却塔的冷却水温度低于冷水温度，则工质在蒸发器中的压力要高于冷凝器中的压力。吸收了冷水的热而蒸发的工质，依靠压差通过上升管由蒸发器流入冷凝器。在冷凝器中散热给冷却水并凝结成液态工质，再通过下降管返回蒸发器，完成"自由冷却"模式的循环。

具备"自由冷却"功能的三级压缩离心式冷水机组，与普通的机组基本相同，水系统管路也无变动。其新增部件如表 2-7 所列。

"自由冷却"机组新增部件/功能简介　　　　　　　表 2-7

新 增 内 容	作　用
制冷剂充注量	增加液态制冷剂与全部蒸发器中的换热管接触,充分利用热交换面积,提高自由冷却的制冷量
储液罐	在机械制冷时,供多余的制冷剂储存
气态制冷剂旁通管及电动阀门	气态制冷剂从蒸发器流向冷凝器最方便,提高"自由冷却"的制冷量
液态制冷剂旁通管及电动阀门	减少液态制冷剂靠重力从冷凝器流向蒸发器的压力损失,提高"自由冷却"的制冷量
控制功能	在普通制冷状态与自由冷却状态之间运行转换

在"自由冷却"模式下运行时，工质的循环流量取决于冷却水与冷水的温度差。温差越大，工质循环流量越大，"自由冷却"的冷量亦越大。一般需有 2.2～6.7℃ 的温差，即可提供相当于名义冷量 10%～45% 的冷量。

与在冷却水系统中加装板式换热器进行"自由冷却"的方式相比，冷水机组所具有的"自由冷却"模式，其优点可见表 2-8。

2.10　热泵的能效指标

2.10.1　热泵的性能系数 COP （Coefficient of Performance）

性能系数 COP 是衡量热泵能效的最基本、最重要的指标。热泵具有制冷和制热两种功能，在制冷工况下的性能系数称为制冷系数 COP_c，而在制热工况下的性能系数则称为制热系数 COP_h。

在前述的理想循环中，制冷及制热系数 $COP_{c.t}$ 及 $COP_{h.t}$ 其值是在一定条件下理想的极限值，与压缩机、工质种类等均无关。在理论循环中，其制冷及制热系数 $COP_{c.c}$ 及 $COP_{h.c}$ 虽已有确定的压缩机类型及工质种类等，但未计入过程的不可逆因素及压缩机的指示效率、机械效率、电机效率等，仍不能显示出热泵实际运行时的能效数值。某一热泵在某一运行工况下的实际的制冷及制热系数可用以下公式来表达：

"自由冷却"机组的优点	表 2-8

优 点	简 介
技术成熟	标准的成熟机型,在国内外有很多成功的实例,在国内有多台机组运行,值得在宾馆、办公楼、商场、大型超市、工厂等场合推广应用
控制可靠	冷冻机上的微电脑控制器控制冷冻机运行,可在普通制冷与自由冷却状态之间自动转换,冷冻机运行稳定
换热效率高	机组运行时,制冷剂通过相变在蒸发器与冷凝器之间传递热量,热交换比较充分;若采用板式热交换器,由于换热温差很小,换热效率较低
系统简单维护方便	冷水机组的结构与常规机组基本相同,其水系统管路与常规系统相同,无需增加板式热交换器等额外的换热设备,维护工作量较少,维护费用较低。
机房空间小	与板式热交换器及其连接管道相比,自由冷却冷水机组节省较多机房空间,除机组新增储液罐外,几乎不多占空间

制冷系数

$$COP_c = \frac{Q_c}{W_c} \tag{2-14}$$

制热系数

$$COP_h = \frac{Q_h}{W_h} \tag{2-15}$$

式中　Q_c——热泵在某一制冷工况下的制冷量,kW;

　　　W_c——热泵在某一制冷工况下压缩机的电机输入功率,kW;

　　　Q_h——热泵在某一制热工况下的制热量,kW;

　　　W_h——热泵在某一制热工况下压缩机的电机输入功率,kW。

　　为便于能效水平的比较,热泵的制冷及制热系数的确定,应在同等条件下——名义工况之下。

　　根据国家标准《蒸气压缩循环冷水(热泵)机组　第1部分:工业或商业用及类似用途的冷水(热泵)机组》GB/T 18430.1—2007 规定,并在补充了进出水温差之后的制冷及制热的名义工况,如表2-9所示。

名义工况时的温度/流量条件　　　　　　　　　　　　表 2-9

项目	使用侧		热源侧(或放热侧)					
	冷热水		水冷式		风冷式		蒸发冷却式	
	水流量	进出口水温	进出口水温	水流量	干球温度	湿球温度	干球温度	湿球温度
	m³/(h·kW)	℃	℃	m³/(h·kW)	℃		℃	
制冷	0.172	12～7	30～35	0.215	35	—	—	24
热泵制热		40～45	15～7	0.134	7	6		

　　热泵名义工况下的性能系数——制冷系数及制热系数,是在规定工况下以同一单位表示的制冷(热)量除以总输入功率给出的比值。名义工况下的性能系数——制冷系数及制热系数可由生产商的产品技术资料中得到。对于集中空调的冷源使用较多的冷水机组,国家标准《冷水机组能效限定值及能效等级》GB 19577—2015,根据冷水机组名义工况制

冷系数的高低划分为三个能效等级（见表2-10）。

表2-10中的1级为超前值，是制造业努力的目标；2级为节能型产品；3级明确为最低限制。

冷水机组能源效率等级   表 2-10

类　型	名义制冷量 CC(kW)	COP(W/W)			$IPLV$(W/W)		
		1级	2级	3级	1级	2级	3级
风冷式或 蒸发冷却式	$CC\leqslant50$	3.20	3.00	2.50	3.80	3.60	2.80
	$CC>50$	3.40	3.20	2.70	4.00	3.70	2.90
水冷式	$CC\leqslant528$	5.60	5.30	4.20	7.20	6.30	5.00
	$528<CC<1163$	6.00	5.60	4.70	7.50	7.00	5.50
	$1163<CC$	6.30	5.80	5.20	8.10	7.60	5.90

2015年发布的国家标准《公共建筑节能设计标准》GB 50189—2015对于公共建筑空调冷源的设计选型做出了限制规定（见表2-11）。该规范考虑以下因素：国家的节能政策；我国产品现有与发展水平；鼓励国产机组尽快提高水平。同时，从科学合理的角度出发，考虑到不同压缩方式的技术特点，对其制冷性能系数分别作了不同要求。

名义制冷工况和规定条件下冷水（热泵）机组制冷性能系数（COP）   表 2-11

类　型		名义制冷量 CC(kW)	制冷性能系数 COP(W/W)					
			严寒 A,B区	严寒 C区	温和 地区	寒冷 地区	夏热冬 冷地区	夏热冬 暖地区
水冷	活塞式/涡旋式	$CC\leqslant528$	4.10	4.10	4.10	4.10	4.20	4.40
	螺杆式	$CC\leqslant528$	4.60	4.70	4.70	4.70	4.80	4.90
		$528<CC<1163$	5.00	5.00	5.00	5.10	5.20	5.30
		$CC>1163$	5.20	5.30	5.40	5.50	5.60	5.60
	离心式	$CC\leqslant1163$	5.00	5.00	5.10	5.10	5.30	5.40
		$1163<CC\leqslant2110$	5.30	5.40	5.40	5.50	5.60	5.70
		$CC>2110$	5.70	5.70	5.70	5.80	5.90	5.90
风冷或蒸发冷却	活塞式/涡旋式	$CC\leqslant50$	2.60	2.60	2.60	2.60	2.70	2.80
		$CC>50$	2.80	2.80	2.80	2.80	2.90	2.90
	螺杆式	$CC\leqslant50$	2.70	2.70	2.70	2.80	2.90	2.90
		$CC>50$	2.90	2.90	2.90	3.00	3.00	3.00

注：1. 水冷定频机组及风冷或蒸发冷却机组制冷性能系数（COP）不应低于本表数据；
　　2. 水冷变频离心式机组的制冷性能系数（COP）不应低于本表数值的0.93倍；
　　3. 水冷变频螺杆式机组的制冷性能系数（COP）不应低于本表数值的0.95倍。

对于所谓的低环境温度大气-水热泵机组，其制冷与制热的名义工况，以及名义工况下的制冷与制热性能系数的限值，按《低环境温度空气源热泵（冷水）机组》的第1部分：工业或商业用及类似用途的热泵（冷水）机组，第2部分户用及类似用途的热泵（冷水）机组 GB/T 25127.1～2—2010以及《冷水机组能效限定值及能效等级》GB 19577—

2015 的规定摘录于表 2-12 及表 2-13 中。

制冷制热名义工况　　　　　　　　　　　　表 2-12

项目	使用侧		热源侧	
	水流量 [m³/(h·kW)]	出口水温 (℃)	干球温度 (℃)	湿球温度 (℃)
制热	0.172	41	—12	—14
制冷		7	35	—

注：水流量单位 m³/(h·kW) 中的 kW 是单位名义制冷量。

制冷制热性能系数限制　　　　　　　　　　表 2-13

项　　目	限制（W/W）	
	制冷量>50kW	制冷量≤50kW
制热性能系数 COP_h	2.3	2.1
制冷性能系数 COP_c	2.7	2.5

2.10.2 热泵机组的能效比 EER （Energy Efficiency Ratio）

热泵机组的能效比为热泵的制冷量或制热量与其压缩机及附属设备电机输入功率之和的比值（W/W），可分别写为 CEER 及 HEER。

在大气—水、大气—空气及水—空气热泵机组中，除压缩机耗电之外尚有风机等附属设备也需耗电。为准确考察热泵能效，压缩机及压缩机以外的能耗均应计入。因此引入热泵机组能效比的概念。与 COP 不同的是，COP 的计算中只计入压缩机电机的输入功率，而 EER 的计算则计入压缩机电机的输入功率及其风机等附属设备的电机的输入功率之和。前述的表 2-10、表 2-11 及表 2-13 中风冷式及蒸发冷却式冷水机组属大气—水热泵，其能效系数实质上是 EER。

此外，国家标准《单元式空气调节机能效比限定值及能源效率等级》GB 19576—2004 中规定了制冷量 7100W 以下水冷式与风冷式单元空气调节机组（即水—空气热泵和大气—空气热泵）最低的能效比限值及五个能效等级（见表 2-14）。表中第 5 级为最低能效比限值；第 2 级及以上属节能型产品。

单元式机组能源效率等级指标　　　　　　　表 2-14

类　　型		能效等级 EER（W/W）				
		1	2	3	4	5
风冷式	不接风管	3.20	3.00	2.80	2.60	2.40
	接风管	2.90	2.70	2.50	2.30	2.10
水冷式	不接风管	3.60	3.40	3.20	3.00	2.80
	接风管	3.30	3.10	2.90	2.70	2.50

表 2-14 中的能效比 EER 均为名义工况下的数值。名义工况见表 2-9。

2.10.3 热泵（冷水机组）的综合部分负荷性能系数 IPLV （Integrated Part Load Value）

使用冷却塔的水冷冷水机组及风冷冷水机组在单台设置时，满负荷运行的时间是极为短暂的。由式（2-16）可见，负荷率100％的时间加权系数仅为2.3％，而负荷率75％、50％及25％的部分负荷的时间加权系数合计为97.7％。即，冷水机组的绝大部分时间是在部分负荷下运行的。在部分负荷下运行时，运行工况会随冷却水温度及室外气温的下降有所改善，机组会因负荷以及工况的变化来调节输出、减少能耗。此种情况下，单纯依靠名义工况下的性能系数已难以确切表达其能效的优劣。由此，美国空调制冷学会标准ARI15ARI550-1992及ARI2590-1992中首次列入综合部分负荷性能系数 IPLV，作为全面评价单台冷水机组部分负荷运行时的能效指标。2005年后，陆续为我国一些标准所采纳。

综合部分负荷性能系数 IPLV，可以定义为，用一个单一数值表示的空气调节用冷水机组部分负荷效率指标。基于表2-15规定的 IPLV 工况下机组部分负荷的性能系数值，按特定负荷下运行时间的加权系数，通过下式获得：

$$IPLV = a \times A + b \times B + c \times C + d \times D \qquad (2-16)$$

式中　A、B、C、D——分别表示冷水机组在负荷率为100％、75％、50％和25％时的性能系数 COP（或 EER），W/W；

　　　　a、b、c、d——分别表示冷水机组负荷率为100％、75％、50％和25％的权重系数，$a+b+c+d=100\%$。

《公共建筑节能设计标准》GB 50189—2015 在我国首次引入综合部分负荷性能系数，其中给出了新的加权系数；$a=1.2\%$，$b=32.8\%$，$c=39.7\%$，$d=26.3\%$，并依据表2-15的规定工况作出了冷水（热泵）机组综合部分负荷系数（IPLV）的新规定（见表2-16）。在《冷水机组能效限定值及能效等级》中，也对综合部分负荷性能系数的等级指标作出了规定（见表2-10）。

部分负荷规定工况表　　　　　　　　表 2-15

名　称			规定工况
蒸发器	进出水温度(℃)		12~7
	流量[m³/(h·kW)]		0.172
	污垢系数[m²/(℃·kW)]		0.018
水冷式冷凝器	进出水温度(℃)	100％负荷	30~35
		75％负荷	26~31
		50％负荷	23~28
		25％负荷	19~24
	流量[m³/(h·kW)]		0.215
	污垢系数[m²/(℃·kW)]		0.044
风冷式冷凝器	干球温度(℃)	100％负荷	35
		75％负荷	31.5
		50％负荷	28
		25％负荷	24.5

《蒸气压缩循环冷水（热泵）机组　第1部分：工业或商业用及类似用途的冷水（热泵）机组》GB/T 18430.1—2007 及《蒸气压缩循环冷水（热泵）机组　第2部分：户用

及类似用途的冷水（热泵）机组》GB/T 18430.2—2008 等两个标准也相继列出 *IPLV* 的规定条款。完整地提出了冷水机组的部分负荷工况（见表 2-15），并做出规定，而在 2015 年发布的《冷水机组能效限定值及能效等级》GB 19577—2015 中也对此做出新的规定，风冷冷水机组及水冷冷水机组的生产，其 *IPLV* 不能低于表 2-17 的要求。

冷水（热泵）机组综合部分负荷性能系数（*IPLV*）　　　　表 2-16

类　型		名义制冷量 *CC*(kW)	综合部分负荷性能系数（*IPLV*）					
			严寒 A,B 区	严寒 C 区	温和地区	寒冷地区	夏热冬冷地区	夏热冬暖地区
水冷	活塞式/涡旋式	$CC \leqslant 528$	4.90	4.90	4.90	4.90	5.05	5.25
	螺杆式	$CC \leqslant 528$	5.35	5.45	5.45	5.45	5.55	5.65
		$528 < CC < 1163$	5.75	5.75	5.75	5.85	5.90	6.00
		$CC > 1163$	5.85	5.95	6.10	6.20	6.30	6.30
	离心式	$CC \leqslant 1163$	5.15	5.15	5.25	5.35	5.45	5.55
		$1163 < CC \leqslant 2110$	5.40	5.50	5.55	5.60	5.75	5.85
		$CC > 2110$	5.95	5.95	6.10	6.20	6.20	6.20
风冷或蒸发冷却	活塞式/涡旋式	$CC \leqslant 50$	3.10	3.10	3.10	3.10	3.20	3.20
		$CC > 50$	3.35	3.35	3.35	3.35	3.40	3.45
	螺杆式	$CC \leqslant 50$	2.90	2.90	2.90	3.00	3.10	3.10
		$CC > 50$	3.10	3.10	3.10	3.20	3.20	3.20

注：1. 综合部分负荷性能系数（*IPLV*）计算方法见《公共建筑节能设计标准》GB 50189—2015 第 4.2.13 条；
　　2. 定频水冷及风冷或蒸发冷却机组的综合部分负荷性能系数（*IPLV*）不应低于本表数值；
　　3. 水冷变频离心式冷水机组的综合部分负荷性能系数（*IPLV*）不应低于本表数值的 1.30 倍；
　　4. 水冷变频螺杆式冷水机组的综合部分负荷性能系数（*IPLV*）不应低于本表数值的 1.15 倍。

综合部分负荷性能系数限值表　　　　表 2-17

类　型	机组制冷量（kW）	*IPLV*(W/W)
风冷式	$\leqslant 50$	2.8
	> 50	2.9
水冷式	$\leqslant 528$	5.00
	$528 \sim 1163$	5.50
	> 1163	5.90

在较后颁布的《低环境温度空气源热泵（冷水）机组　第 1 部分：工业或商业用及类似用途的热泵（冷水）机组，第 2 部分：户用及类似用途的热泵（冷水）机组》GB/T 25127.1～2—2010 中，在上述的制冷综合部分性能系数之外，增加了制热综合部分性能系数，并分别表示为 *IPLV*（*c*）及 *IPLV*（*h*）。

制冷与制热部分负荷的规定工况见表 2-18。表中制冷时的规定工况与表 2-9 中风冷部分的工况是相同的。

制冷综合部分负荷系数 *IPLV*（*c*）的计算公式见式（2-17），制热综合部分性能系数 *IPLV*（*h*）的计算公式见式（2-18）。

制冷与制热部分负荷规定工况　　　　　　　　　　表 2-18

项目	负荷 (%)	使用侧		热源侧	
		水流量 [m³/(h·kW)]	出水温度 (℃)	干球温度 (℃)	湿球温度 (℃)
制热	100	0.172	41	−12	−14
	75			−6	−8
	50			0	−3
	25			7	6
制冷	100		7	35	—
	75			31.5	
	50			28	
	25			24.5	

$$IPLV(c)=2.3\%\times A_0+41.5\%\times B_0+46.1\%\times C_0+10.1\%\times D_0 \qquad (2\text{-}17)$$
$$IPLV(h)=8.3\%\times A_1+40.3\%\times B_1+38.6\%\times C_1+12.9\%\times D_1 \qquad (2\text{-}18)$$

式中，A_1、B_1、C_1、D_1 与 A_0、B_0、C_0、D_0 分别表示热泵机组负荷为 100%、75%、50%、25% 时的制热性能系数与制冷性能系数 COP（或 EER）。与 A_1、B_1、C_1、D_1、A_0、B_0、C_0、D_0 相乘的百分数为机组负荷为 100%、75%、50%、25% 时的加权系数。式（2-17）中的加权系数，与 GB 50189—2015 与 GB/T 18430.1～2 所列相同。而式（2-18）所示加权系数，只适合于北京地区，其他地区的数值详见该标准附录。标准中对低环境温度空气源热泵（冷水）机组的制冷综合部分性能系数 $IPLV(c)$ 与制热综合部分性能系数 $IPLV(h)$ 的限值做出了规定，见表 2-19。

综合部分负荷性能系数限值　　　　　　　　　　表 2-19

项　　目	限值(W/W)	
	制冷量≥50kW	制冷量<50kW
制冷综合部分负荷性能系数 $IPLV(c)$	2.8	2.6
制热综合部分负荷性能系数 $IPLV(h)$	2.5	2.4

2.10.4　冷水机组的季节部分负荷性能系数 SPLV（Seasonal Part Load Value）

　　基于对综合部分负荷性能系数 $IPLV$ 的某些争议，有课题提出了一种冷水机组季节性能评价新指标与多台机组联合运行性能评价。季节性能评价的新指标，即季节部分负荷性能系数 $SPLV$。$SPLV$ 能否得到业界认可，用以替代 $IPLV$ 或并列为一种评价指标暂且不论。但该课题中关于多台冷水机组联合运行时的能效评价方法，值得关注。期待能继续深入，升级为冷水机组群运行能效分析软件。

　　$SPLV$ 的物理意义是：制冷（热泵）设备在制冷（或制热）季节制取的总冷量（kWh）（或总热量 kWh）与该季节消耗总电量（kWh）之比，对于冷水机组制冷运行而言，其季节部分负荷性能系数 $SPLV$ 的定义式为：

$$SPLV=\frac{冷水机组全年总制冷量}{冷水机组全年制冷时消耗的总电量} \qquad (2\text{-}19)$$

　　经推导，得出公式如下：

$$SPLV = \cfrac{1}{\cfrac{a}{A} + \cfrac{b}{B} + \cfrac{c}{C} + \cfrac{d}{D}} \tag{2-20}$$

式中各符号的意义与式（2-16）相同。在多台机组联合运行时，该指标计算公式可表达为：

$$SPLV(N) = \cfrac{1}{\cfrac{a}{A_N} + \cfrac{b}{B_N} + \cfrac{c}{C_N} + \cfrac{d}{D_N}} \tag{2-21}$$

多台机组联合运行时，其群控方式有两种。一种是多台机组同时运行，每台机组的负荷率（LR）均与建筑负荷率（BLR）同步变化。此时，$SPLV$（N）其实可按式（2-20）计算。另一种是随着建筑负荷率的降低，逐步减少运行台数。其 $SPLV$（N）值则须按式（2-21）计算，这种场合，只有在建筑负荷率为 100% 时，机组负荷率与之相同，为 100%。在建筑负荷率为 75%、50% 及 25% 时，多数情况下机组负荷率与建筑负荷率不再同步。因此，式（2-21）中的性能系数 A_N、B_N、C_N 及 D_N 已非 A、B、C、D 四种运行工况点所能涵盖。由冷水机组的性能曲线（图 2-26）可见，尚应补充 E、F、G、H 或更多运行状态点。

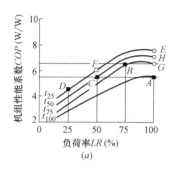 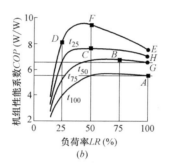 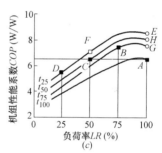

图 2-26　三种冷水机组性能典线

（a）机组 1；（b）机组 2；（c）机组 3

文献［17］在案例分析中选择了三种冷水机组。机组 1 为采用导流叶阀开度调节容量的离心机组，其名义 $COP_c = 5.55$；机组 2 是在机组 1 导流叶阀开度调节的基础上，加装了变频调速装置。由于变频调速装置的能耗所致，其名义 $COP_c = 5.36$，略低于机组 1；机组 3 与机组 1 容量调节方式相同，但其 $COP_c = 6.38$，要高于机组 1。

三种机组的性能曲线如图 2-26 所示。建筑负荷率 BLR 及机组负荷率 LR 同为 100%、75%、50% 及 25% 时的性能系数 A、B、C、D，以及建筑负荷率 BLR 及机组负荷率 LR 不同步时的性能系数 E、F、G、H 等，列于表 2-20 中。

$SPLV$ 表达式的加权系数根据南京地区办公建筑的冷负荷线和空调制冷运行室外温度小时数分布数据，计算得出，$a = 0.054$、$b = 0.502$、$c = 0.265$、$d = 0.178$。

三种冷水机组在不同工况下的性能系数　　　　　　　　　　　　　　　表 2-20

工况	A	B	C	D	E	F	G	H
机组 1	5.55	6.05	5.64	4.91	6.42	6.68	5.93	6.16
机组 2	5.36	6.92	7.90	9.16	7.61	10.07	5.86	6.55
机组 3	6.38	7.33	7.29	5.96	8.06	7.90	7.02	7.34

机组 1 不同台数 SPLV（N）综合计算表　　　　　　　　　　表 2-21

建筑负荷率 BLR(%)		100	75	50	25
冷却水温度(℃)		$t_{100}=30-35$	$t_{75}=26-31$	$t_{50}=23-28$	$t_{25}=19-24$
权 重 系 数		$a=0.054$	$b=0.502$	$c=0.265$	$d=0.178$
机组总台数 N=1	机组运行台数 n	1	1	1	1
	机组负荷率 LR(%)	100	75	50	25
	COP_c	A=5.55	B=6.05	C=5.64	D=4.91
	SPLV	5.69			
机组总台数 N=2	机组运行台数 n	2	2	1	1
	机组负荷率 LR(%)	100	75	100	50
	COP_c	A=5.55	B=6.05	H=6.16	F=4.91
	SPLV(N)	6.16			
机组总台数 N=3	机组运行台数 n	3	3	2	1
	机组负荷率 LR(%)	100	75	75	75
	COP_c	A=5.55	B=6.05	6.15※	6.32※
	SPLV(N)	6.22			
机组总台数 N=4	机组运行台数 n	4	3	2	1
	机组负荷率 LR(%)	100	100	100	100
	COP_c	A=5.55	G=5.93	H=6.16	E=6.42
	SPLV(N)	6.05			
机组总台数 N=5	机组运行台数 n	5	4	3	2
	机组负荷率 LR(%)	100	94	83	62.5
	COP_c	A=5.55	5.94※	6.18※	6.15※
	SPLV(N)	6.13			

　※A-H 测试工况之外的工况点的性能系数 COP_c（W/W），依据机组负荷率 LR（%）及建筑负荷率 BLR（%），由图 2-26 机组性能曲线查得。

　　各种机组设置台数为 N=1～5。机组 1 的 SPLV（N）计算结果见表 2-21；机组 1～3 的 SPLV 计算结果见表 2-22。

不同台数机组群的 SPLV（N）值　　　　　　　　　　表 2-22

机组编号	单台机组	多台机组			
	N=1	N=2	N=3	N=4	N=5
机组 1	5.69	6.16	6.22	6.05	6.13
机组 2	7.38	7.10	7.45	6.27	6.75
机组 3	6.98	7.37	7.57	7.24	7.38

　　由表 2-22 可以看出：

　　（1）当制冷机房仅采用一台机组时，选用性能曲线形状类似机组 2 的冷水机组（如转速＋导流叶阀开度联合调节容量的离心机组），更能发挥低负荷率时的高 COP_c 优势，其 SPLV 较大。

（2）当制冷机房采用多台冷水机组时，①加装变频器的机组2的 $SPLV$ 得到大幅提高，其机组群的 $SPLV$（N）超过机组1，但随着机组台数的增多，这种优势有逐渐削弱的趋势；②当选用名义 COP_c 更高的机组3（导流叶阀开度调节容量的定速离心机组）时，虽然单台机组的 $SPLV$（$=6.98$）低于机组2（$SPLV=7.38$），但其 $SPLV$（N）比由机组2组成的机组群高，其原因在于机组2在低负荷率时的高 COP_c，未能在机组群中发挥效益，反而机组3在高负荷率时具有较高 COP_c 的优势得到充分的体现。如果进一步提高机组3的名义 COP_c，则可使其 $SPLV$ 达到机组2的 $SPLV$ 水平，此时机组3的 $SPLV$（N）将更高于机组2。

2.10.5 房间空调器的能效评价标准 SEER、HSPF 及 APF

房间空调器的能效评价，可以采用名义工况下的制冷能效比 EER（或称 $CEER$）以及制热系数 COP（或称制热能效比 $HEER$）。

名义工况规定为表2-23。但房间空调器在实际运行中，不可能一成不变地停留在名义工况之下。在保证室内侧工况不变的情况下，当室外侧工况以及室内侧冷热负荷发生变化时，空调器需对其制冷量或制热量进行适时调节。因此，就其整体能效比的评价，应包含各种室外侧工况下的能效，以及制冷量或制热量的调节的适应性。

房间空调器名义工况 表2-23

侧别	制冷工况		制热工况	
	干球温度（℃）	湿球温度（℃）	干球温度（℃）	湿球温度（℃）
室内侧	27	19	20	—
室外侧	35	24	7	6

为全面、尽量准确地评价房间空调器的能效，国家标准《单元空调机》GB/T 17758—2010 及《转速可控型房间空气调节器能效限定值及能效等级》GB 21455—2013 中，提出了制冷季节能效比 $SEER$（Seasonal Energy Effciency Ratio）、制热季节能源消耗效率 $HSPF$（Heating Seasonal Performance Factor）以及全年能源消耗效率 APF（Annual Performance Factor）等评价指标，并以此对可控转速型房间空调器的能效限定值及能效等级做出了规定。

（1）制冷季节能效比 $SEER$（或写作 $SCEER$），可按下式计算得出：

$$SEER=\frac{CSTL}{CSTE} \tag{2-22}$$

式中　$CSTL$——房间空调器制冷季节制冷量总和，Wh；

　　　$CSTE$——房间空调器制冷季节耗电量总和，Wh。

$CSTL$ 及 $CSTE$ 的测定及统计所依据的制冷工况运行时室外环境各温度发生时间，见表2-24。

制冷工况运行时室外环境各温度发生时间 表2-24

温度（℃）	24	25	26	27	28	29	30	31	32	33	34	35	36	37	38	合计
时间（h）	54	96	97	113	98	96	110	107	105	94	76	61	22	5	2	1136

（2）制热季节能源消耗效率 $HSPF$（或称作制热季节能效比 $HCEER$），可按下式计

算得出：

$$HSPF=\frac{HSTL}{HSTE} \qquad (2\text{-}23)$$

式中 $HSTL$——房间空调器制热季节制热量总和，Wh；

$HSTE$——房间空调器制热季节耗电量总和，Wh。

$HSTL$ 及 $HSTE$ 的测定及统计所依据的制热工况运行时室外环境各温度发生时间，见表 2-25。

制热工况运行时室外环境各温度发生时间　　　　表 2-25

温度 （℃）	−6	−5	−4	−3	−2	−1	0	1	2	3	4	5	6	7	8	9	10	11	12	13	14	15	16	合计
时间 （h）	1	1	3	7	8	21	44	26	35	46	46	38	32	30	30	21	16	9	8	4	3	3	1	433

（3）全年能源消耗效率 APF（或称为全年能效比 $AEER$），可按下式计算得出：

$$APF=\frac{CSTL+HSTL}{CSTE+HSTE} \qquad (2\text{-}24)$$

式中符号意义同式（2-22）及式（2-23）。

国家标准 GB 21455—2013 中，依据 $SEER$ 及 APF，分别对单冷式转速可控型房间空调器及热泵式转速可控式房间空调器的能效等级做出规定，如表 2-26、表 2-27 所示。

表 2-26 及表 2-27 依据 $SEER$ 及 APF 值的高低，划分出 1～3 级能效等级。其中能效等级 3 最低，为能效限定值。

标准中的房屋空调器为：采用空气冷却冷凝器、全封闭转速可控型电动压缩机，额定制冷量 14000W 以下、气候类型为 T1 的转速可控房间空调器（含采用交流变频、直流调速或其他改变压缩机转速的方式）。

单冷式转速可控型房间空调器能效等级　　　　表 2-26

类　型	额定制冷量 CC（W）	$SEER$（Wh/Wh）		
		能效等级		
		1 级	2 级	3 级
分体式	$CC\leqslant4500$	5.40	5.00	4.30
	$4500<CC\leqslant7100$	5.10	4.40	3.90
	$7100<CC\leqslant14000$	4.70	4.00	3.50

热泵式转速可控型房间空调器能效等级　　　　表 2-27

类　型	额定制冷量 CC（W）	APF（Wh/Wh）		
		能效等级		
		1 级	2 级	3 级
分体式	$CC\leqslant4500$	4.50	4.00	3.50
	$4500<CC\leqslant7100$	4.00	3.50	3.30
	$7100<CC\leqslant14000$	3.70	3.30	3.10

2.10.6 多联式空调机的能效评价标准

《多联式空调（热泵）机组》GB/T 18837—2015 中，对于大气源及各种水源多联式空调（热泵）机组的各项能效系数作出了规定（见表 2-28）。作为能效系数测试及计算的规定工况、水冷机组补充工况，分别列于表 2-29、表 2-30。水环式水冷机组部分负荷工况依据 GB/T 17758—2010 附录 B.2 的规定，见表 2-31。

多联式空调（热泵）机组能效规定 表 2-28

类 型		制冷季节能效比 SEER（Wh/Wh）	全年能效系数 APF（Wh/Wh）	制冷部分负荷性能系数 IPLV(C)(W/W)	制冷能效比 EER
风冷式	单冷式	3.1	—		
	热泵型		2.7		—
水冷式	水环式			3.5	
	地下水式				4.3
	地表水/地埋管式				4.1

能效规定试验工况 表 2-29

试验条件		室内侧入口空气状态		室外侧状态				
		干球温度(℃)	湿球温度(℃)	风冷式入口空气状态		水冷式 进水温度(℃)/单位名义制冷量水流量[m³/(h·kW)]		
				干球温度(℃)	湿球温度(℃)	水环式	地下水式	地表水/地埋管式
制冷	最大运行	32	23	43	26	40/0.215	25/0.103	40/0.215
	最小运行	31	15	18		20/0.215	10/0.103	10/0.215
	低温运行			21				
	凝露、凝结水排除	27	24	27	24			
制热	最大运行	29	—	21	15	30/0.215	25/0.103	25/0.215
	最小运行		15	—7	—8	15/0.215	10/0.103	5/0.215
	融 霜		≥15	2	1	—	—	—

水冷机组补充名义工况 表 2-30

试验条件		室内侧入口空气状态		水环式冷凝器进水温度和流量状态		地下水式冷凝器进水温度和流量状态		地埋管(地表水)冷凝器进水温度和流量状态	
		干球温度(℃)	湿球温度(℃)	进水温度(℃)	单位名义制冷量流量[m³/(h·kW)]	进水温度(℃)	单位名义制冷量流量[m³/(h·kW)]	进水温度(℃)	单位名义制冷量流量[m³/(h·kW)]
名义制冷※		27	19	30	0.215	18	0.103	25	0.215

※机组名义工况时冷凝器水侧污垢系数为 0.044m²·℃/kW。新冷凝器的水侧被认为是清洗的，测试时污垢系数应考虑为 0m²·℃/kW。

水环机组部分负荷工况 表 2-31

试验条件		室内侧入口空气状态		水环式冷凝器进入状态		
		干球温度 (℃)	湿球温度 (℃)	进水温度 (℃)	单位名义制冷量流量 [m³/(h·kW)]	污垢系数 (m²·℃/kW)
IPLV	100%负荷工况	27	19	30	0.215	0.043
	75%负荷工况			26		
	50%负荷工况			23		
	25%负荷工况			19		

第3章 蒸气压缩式热泵机组的主要器件

由逆卡诺循环和蒸气压缩式热泵的理论循环可见，蒸气压缩式热泵的热力循环由四个过程组成，即：压缩过程、冷凝过程、节流过程及蒸发过程。而实现这四个过程的装置分别是：压缩机、冷凝器、节流机构及蒸发器。因此，压缩机、冷凝器、节流机构及蒸发器被称为蒸气压缩式热泵的四大器件。

关于四大器件，在以往的制冷书籍中有详尽的叙述。但多是针对制冷机——单冷式热泵的。对于非单冷式热泵，如单热式热泵、冷热双功能热泵等，其四大器件与之基本相同。但随着功能的多样，其四大器件也相应呈现多样趋势。在此后的篇幅中，将予详述。

3.1 热泵的压缩机

对于蒸气压缩式热泵机组而言，压缩机无疑是核心设备。低压的气态工质在压缩机中实施压缩，并在其推动下，经过冷凝、节流及蒸发等过程来实现热由低温物体向高温物体的传输。

3.1.1 压缩机的分类

1. 按原理分类

按照原理，压缩机可分为速度型与容积型，而容积型又细分为往复式和回转式两类。离心式压缩机属速度型。往复式中最典型的是活塞式压缩机；而回转式压缩机则包括滚动转子式、涡旋式、单螺杆式及双螺杆式。

2. 按密封方式分类

按照压缩机的密封方式可分为开启式、半封闭式和全封闭式。早期的热泵压缩机都是开启式的，而其开启式的称谓却是在封闭式压缩机出现之后。开启式压缩机连接电动机的主轴伸出曲轴箱壁的部位是暴露的。虽设有轴封装置，但密封效果往往不够理想。尤其是在使用氟工质时，由于渗透性较强又无色无嗅，较为容易发生泄漏且不宜被发现。因而陆续地研发出半封闭式和全封闭式的压缩机。封闭式压缩机将压缩机、电动机及其连接主轴一起封闭在一个壳体内，有效地防止了工质的泄漏。全封闭压缩机的封闭壳体外观呈桶状，由焊接而成。难于拆卸、检修，适用于小型压缩机。而半封闭式压缩机是将压缩机、电动机相对独立的外壳以螺杆连接起来，可拆卸、检修，适用于大中型压缩机。

常用的热泵压缩机的分类见表3-1。表中所列单台压缩机的产冷（热）量，是根据各空调生产厂家的产品技术资料统计而成的，供参考。在设计选型时应根据规范推荐并综合考虑工程项目的冷（热）负荷、压缩机的特点、*COP* 及价格等具体情况。

3.1.2 各种压缩机的结构特征

活塞式、滚动转子式、涡旋式、双螺杆式、单螺杆式及离心式等空调工程中常用的热泵压缩机，其结构特征简述分别见表3-2。

常用热泵压缩机分类表   表 3-1

分	类			单台名义冷量(kW)
容积型	往复式	活塞式	开启式	—
			半封闭式	175～350
			全封闭式	0.1～15
	回转式	滚动转子式	全封闭式	0.1～5.5
		涡旋式	全封闭式	2～180
		双螺杆式	开启式	350～3600
			半封闭式	118～1430
			全封闭式	280～860
		单螺杆式	开启式	956～2880
			半封闭式	253～512
			全封闭式	—
速度型	单级离心式		开启式	520～4500
			半封闭式	1040～5240
	二级离心式		半封闭式	1040～5240
	三级离心式		半封闭式	1400～4500

常用热泵压缩机结构特征表   表 3-2

简图	结构特征简述	常用工质
活塞式压缩机		
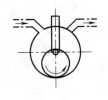	由汽缸体、活塞、曲轴箱、曲轴联杆及吸排气门组成。活塞由曲轴联杆带动上下往复运动,在吸排气门的配合下,完成吸气、压缩及排气的过程。应用最早并经多方改进,但因结构复杂配件多等有逐渐被涡旋式、螺杆式压缩机逐步取代的趋势	R22、R407c、R410a
滚动转子式压缩机		
	由圆筒形缸体、偏心转子及滑片组成。偏心转子在电机的带动下沿缸体内表面滚动。转子与缸体、滑片的啮合线之间形成周期变化的吸气腔和压缩排气腔,完成压缩过程。与活塞式比,COP 高、体积小、重量轻、配件少。在小冷(热)量范围有优势	R22、R407c、R410a
涡旋式压缩机		
	由静、动涡盘及壳体组成。动涡盘绕偏心轴公转同时产生径向移动,改变动静涡盘啮合线之间的空间,吸入、压缩和排出工质。与活塞式相比,COP 高、重量轻、体积小、配件少。在小冷(热)量范围内有取代活塞式的趋势	R22、R407c、R410a

简图	结构特征简述	常用工质
双螺杆式压缩机		
	由带凸形齿的阳螺杆、带凹形齿的阴螺杆及外壳组成。阴阳螺杆相互啮合，阳螺杆转动带动阴螺杆，完成吸气、压缩及排气过程。与活塞式相比，COP 高、构造简单、体积小、配件少。在较大及中等冷（热）量范围有取代活塞式的趋势	R22、R407c、R410a
单螺杆式压缩机		
	由单一螺杆与双星轮、外壳组成。螺杆与星轮相啮合。螺杆转动带动星轮沿其螺槽推进齿间容积改变完成吸气、压缩及排气过程。与双螺杆式相比，其轴向及径向力平衡良好，运行平稳、噪声低，COP 较高，但因星轮磨损导致能量衰减及吸排气道狭窄阻力较大等缺点，市场不如预期	R22、R407c、R410a
离心式压缩机		
	由叶轮、扩压器和涡壳组成。工质从叶轮中心部位吸入，靠叶轮的高度旋转获得动能，通过扩压器进入涡壳转换为压力能，工质完成压缩并排出。二级、三级压缩装有 2 个或 3 个叶轮和一级或二级经济器。在所有压缩机中单机冷（热）量最大，COP（尤其二、三级压缩）最大，适用于大型机组	R22、R134a、R123

蒸气压缩式热泵基本上采用电动机驱动，其供电方式按《民用建筑供暖通风与空气调节设计规范》GB 50736—2012 规定，如表 3-3 所示。低压供电为 380V，高压供电为 6kV 或 10kV。

电动机供电方式   表 3-3

单台电机功率（kW）	供电方式
＜650	低压供电
650～900	可采用高压供电
900～1200	宜采用高压供电
＞1200	应采用高压供电

3.2 冷凝器

冷凝器为蒸气压缩式热泵机组的四大器件之一。经过压缩机压缩的高压气态工质，进入冷凝器，并在冷凝器中凝结为液态工质。制冷工况时，工质在冷凝的同时向热源（汇）水或媒介水、大气等散出凝结热；制热工况时，工质在冷凝的同时对媒介水或空气进行加热，以供空调或供暖之用。在一些对冷水机组实施热回收的场合，往往采用所谓的双盘管冷凝器。在双盘管冷凝器中，其一组盘管用来向冷却水散热。而另一组盘管中用来加热生活热水等。

依据冷凝散热或加热的对象不同——水或者空气，冷凝器可分为水媒冷凝器（制冷技术中通常称为水冷冷凝器）和空气媒冷凝器（制冷技术中通常称为风冷冷凝器）。冷凝器的结构特点及所应用的机组类型见表 3-4。

冷凝器一览表 表 3-4

名称	应用机组类型	结构特点
水媒冷凝器	水—水热泵制冷时的热源（汇）端，制热时的负荷端； 单冷式水—水热泵（水冷冷水机组）及水—空热泵（水冷式空调器）的热源（汇）端	管壳式：由钢制壳体、管板及肋管组成。媒介水走管程，工质走壳程，由上至下。应用最为普遍。 套管式：由钢制外管与一根或多根铜制内管组成。媒介水流经内管，工质与之逆向流经内外管之间。结构紧凑、构造简单，适用于小型机组。 板式：由数片不锈钢波纹换热板叠合而成。板之间留有通道媒介水与工质相向交叉逆向流过。传热系数高、外形紧凑、重量轻，多用于小型、模块式机组
空气媒冷凝器	单冷式大气—空气热泵（风冷空调器）及大气—水热泵（风冷冷水机组）热源（汇）端	由铜管穿铝制肋片及风机组成。工质由铜管内通过，空气在风机驱动下流经铜管外及铝肋片之间

3.3　蒸发器

蒸发器亦为蒸气压缩式热泵机组的四大器件之一。经过节流减压后的工质液体进入蒸发器蒸发为气体。工质液体在蒸发的同时，对作为媒介的水或空气进行冷却供空调之用；或由作为热源（媒介）水或大气等吸取热量。由此，蒸发器可分为水媒蒸发器（制冷技术中称冷却水的蒸发器）和空气媒蒸发器（制冷技术中称冷却空气的蒸发器）。蒸发器的结构特点及所应用机组的类型详见表 3-5。

蒸发器一览表 表 3-5

名称	应用机组类型	结构特点
水媒蒸发器	水—水热泵制冷时的负荷端，制热时的热源（回）端 单冷式水—水热泵（水冷冷水机组）及大气—水热泵（风冷式冷水机组）的负荷端	管壳式：由钢制壳体、管板及肋管组成。一种形式为媒介水走管程，工质走壳程（又称满液式及降膜式蒸发器）；另一种形式为媒介水走壳程，工质走管程（又称干式蒸发器）。应用最为普遍。 套管式：由钢制外管与一根或多根铜制内管组成。媒介水流经内管，工质与之逆向流经外管及内管之间。结构简单紧凑，适用于小型机组。 板式：由数片不锈钢波纹换热板叠合而成，媒介与工质交叉逆向流过板两侧通道。传热系数高，外形紧凑，用于小型模块机
空气媒蒸发器	单冷式水—空气热泵（水冷空调器）及大气—空气热泵（风冷空调器）负荷端	由铜管穿铝制肋片及风机组成。工质经铜管内，空气在风机驱动流经铜管外及铝肋片之间

3.4　冷凝/蒸发器

在利用四通换向阀转换制冷制热工况的热泵机组中，制冷工况时，负荷端为蒸发器，热源端为冷凝器。在通过四通换向阀转换为制热工况时，负荷端由蒸发器转换为冷凝器，而热源端由冷凝器转换为蒸发器。这样，便出现了一种兼具冷凝与蒸发两种功能的特殊器件，在此，称其为"冷凝/蒸发器"。之所以如此称谓的理由：一是体现了冷凝与蒸发这两个在热泵循环中的重要过程，比笼统地称为换热器要清晰明确；二是与复叠式制冷中的"冷凝蒸发器"有所区别。冷凝/蒸发器在构造上以及换热面积的计算上，要兼顾冷凝与蒸发的两个过程。

同样，根据换热媒介的不同，冷凝/蒸发器亦可分为水媒、空气媒冷凝/蒸发器，以及与土壤直接换热的地埋冷凝/蒸发器。冷凝/蒸发器的结构特点及所应用机组的类型详见表3-6。

冷凝/蒸发器一览表 表3-6

名称	应用机组类型	结构特点
水媒冷凝/蒸发器	水—水热泵机组热源(汇)与负荷端。大气—水热泵(风冷冷热水机组)的负荷端	管壳式:由钢制壳体、管板及肋管组成。媒介水走管程,工质走壳程。应用最为普遍。 套管式:由钢制外管与一根或多根铜制内管组成。媒介水流经内管,工质与之逆向流经内外管之间。结构紧凑、构造简单、适用于小型机组。 板式:由数片不锈钢波纹换热板叠合而成,媒介水与工质交叉逆向流过板间通道。传热系数高,结构紧凑,多用于小型、模块式机组
空气媒冷凝/蒸发器	大气—空气热泵(热泵式风冷空调器)热源(汇)及负荷端。大气—水热泵(风冷冷热水机组)热源(汇)端。水—空气热泵(热泵式水冷空调器)的负荷侧	由铜管穿铝制肋片及风机组成。工质由铜管内通过,空气在风机驱动下流经铜管外及铝肋片之间
地埋冷凝/蒸发器	直接式地埋管地源热泵机组热源(汇)端	由铜管制成,水平或竖直埋于地壳岩土中

3.5 节流机构

节流机构为蒸气压缩式热泵的四大器件之一，其主要功能：一是将来自冷凝器的具有冷凝压力的液态工质经节流使其压力降至蒸发压力，然后进入蒸发器后蒸发吸热，冷却空气或水，供空调降温之用，或从作为热源（媒介）水、空气中吸取热量；二是调节进入蒸发器的工质流量。

常用的各种节流机构列于表3-7。

节流机构一览表 表3-7

名称	结构特点	备　注
孔板	直径为0.7~2.5mm	结构简单,无运动部件。调节性能差,适用于负荷稳定的场合
毛细管	直径为0.7~2.5mm,长度为0.6~6m的紫铜管	同上
手动节流阀	形似截止阀,阀芯为针状或V形椎体	人工操作,难以适应工况变化
浮球式节流阀	由阀门机构与浮球组成。分直通式及非直通式两种。直通式,工质经浮球室下部平衡管进入蒸发器;非直通式,阀门机构在浮球室外,节流后的工质不通过浮球室,直接进入蒸发器	直通式的浮球室液面波动大,阀芯受冲击大,易损,不常用;非直通式无上述缺点,应用相对较多

名称	结构特点	备 注
热力 节流阀	内平衡式由膜片、针阀及温包组成。工质经针阀及膜片下的空间进入蒸发器,膜片依靠蒸发器入口处工质与温包的压力差上下动作,带动针阀实施控制。	应用于工质流经蒸发器阻力较小时
	外平衡式除膜片、针阀、温包外还有隔板、连通管组成。膜片与针阀间设置隔板,工质由针阀经隔板下进入蒸发器。膜片依靠蒸发器出口处工质与温包的压力差上下动作,带动针阀实施控制。	应用于工质流经蒸发器阻力较大时
电子 节流阀	由检测、控制及执行机构(电动阀或电磁阀)组成	可精确控制蒸发温度

第 4 章 大气/空气源热泵机组

4.1 大气源的特点

以大气或空气作为热源的热泵机组，称为大气/空气源热泵机组。由表 1-5 可见，空气去湿机系以空气为热源，而除此之外的热泵机组均以大气为热源，因此统称为大气源热泵机组。以大气作为热泵的热源，其主要特点为：

（1）取用方便。地球整个为大气所包围，使用大气作为热泵机组的热源，取用与排放均极方便。数量不受任何限制，且无需缴纳费用，非其他热源所能比拟。世界上首台具有实用意义的制热用热泵机组即采用大气作为热源。1930 年霍尔丹（Haldane）报道了他1927 年在苏格兰安装和试验的家用热泵。采用外界空气作为热源，这一装置供给供暖和水加热用热量。

（2）关于温度影响。对于水类热源，在制热工况下通过热泵热源端蒸发器时，其温度不得低于冰点。但对于大气源而言，却无此限制。但是也必须注意到，在大气流经热泵热源端蒸发器表面时，若该表面温度低于 0℃，大气中所含水分会于其表面冻结成霜。霜层存在将影响换热，必须及时除掉。在空调用大气源热泵机组中，常用的除霜方式是，短暂的工质反向循环，在蒸发器内通入压缩之后的高温气体。冲霜程序的存在会降低热泵机组的出力并降低其性能系数。此外，对于当前的热泵机组所采用的单级压缩机而言，在大气温度过低时，也是不能适应的。大气源热泵机组在制热工况下，其适应的大气温度一般在 −10℃ 以上。若大气温度过低，在维持负荷端冷凝温度不变的情况下，使压缩机在低蒸发温度下运行，会出现吸气比容增大，工质循环量减少，制热能力随之降低。同时，由于压缩比的增大，容积效率降低，输气量减少而导致性能系数的下降。而在实际运行中，由于压缩机的不能适应则可能出现冷凝温度偏低，热水供应温度降低或送冷风的情况。

（3）关于逆反效应。大气源热泵机组应用于空调时，空调的冷热负荷以及为其服务的热泵机组的制冷制热能力，均为室外气温的函数。在冬季制热工况下，空调热负荷随室外气温的降低而增大，而热泵机组的制热能力却相反地因室外气温的降低而降低，如图 4-1 所示；同样，在夏季制冷工况下，空调冷负荷会随室外气温的升高而增大，而热泵机组的制冷能力却相反地因室外气温的升高而降低。有业界人士将大气源热泵机组的制冷制热能力，与空调冷热负荷不相适应这一矛盾现象称为

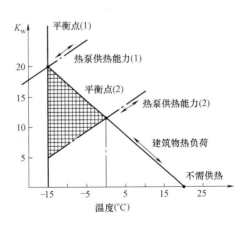

图 4-1 大气源热泵的平衡点及补充供热要求

逆反效应。这种逆反效应，在以地表水作为热源或使用冷却塔冷却循环水时也有存在，但相对较小。大气源热泵机组在空调应用中这种逆反效应，会使热泵机组的选型，无论冬夏均处在不利的工况之下。从而导致机组选型较大，额定功率较高，额定功率下性能系数较低。同时，为在运行中适应制冷制热能力的供需矛盾，节省耗电，良好的自动调节功能是必需的。

4.2 大气源热泵的补充加热

补充加热也称为辅助加热。关于补充加热，可见的、较早的论述见于文献［4］：“不管用哪一种热源，热泵的投资成本要比同功率的传统中央供热锅炉（这里讨论的是适用于英国和大多数欧洲国家的仅供热系统的要求）要高得多。因此如果热泵的大小按供给满载热量来确定的话（虽然这样做对住房是行得通的），投资成本的差额还会进一步扩大。因此，空气热源（及其他）热泵都是按所需功能的全面经济评价来确定大小的，一般只满足一年中所需供热量的一部分。其差额由补充加热提供。在美国补充加热常常用电，在英国和欧洲则根据投资和运行成本的差额可能以矿物燃料燃烧为基础。如果热泵必须担负起夏季月份制冷空调任务，确定尺寸时应把所要求的容量一并加以考虑。”该文献绘出了美国通用电气公司制造的韦瑟特朗（Weathertron）大气—空气热泵的平衡点及补充供热要求图（见图 4-1）。

图 4-1 中绘出了建筑物热负荷特性线，以及为其供热的热泵供热能力特性线。由于前述的逆反效应的存在，两特性线呈相反的变化趋势。图中在室外气温为−15℃时，建筑热负荷达最大值，亦即计算值。若以该值确定热泵的供热能力，其平衡点位于（1）的位置，无需补充供热。但由于此时的热泵供热能力恰好处于低值，其选型会很大。总体而言，不一定经济可行。最经济的平衡点可依据具体情况经比较来确定。若假定该图中的平衡点（2）为经济平衡点，该点的室外气温为 0℃。在气温高于 0℃时，可只由热泵供热；气温低于 0℃时，除热泵供热外尚需以其他热源补充供热（图中热泵供热能力特性线以上的网格区）。

在我国，一些房间用分体空调的室内机配备有电加热器，多联机的室内机装有热水盘管，其功能可用于补充供热。

在实际应用中，夏季制冷冬季制热的双功能热泵，应首先按夏季工况选型，然后检验其制热能力。若不能满足冬季制热需求，或热泵只用于冬季制热时，补充加热的取舍及补充加热的运行时间，应在综合考虑初投资、运行费用以及补助供热热源状况的基础上确定。

4.3 关于“风冷北扩”

“风冷”是风冷热泵机组，即大气源热泵机组的简称。而“风冷北扩”是我国业界学者对于大气源热泵机组应用范围向北方扩展的趋势与努力的一种形象的概括。

由前述可知，由于在低气温时的不良表现，以及逆反效应的加剧，冷热双功能的大气源热泵机组，在我国多应用于夏热冬冷地区。夏季制冷，冬季又可以制热，恰好适应了该地区缺少集中供暖设施的状况。而在我国北方地区使用大气源热泵机组时，往往限于选用单冷式机组，只是负担夏季制冷。冬季则需依靠集中供热或其他供暖方式。即使采用冷热双功能大气源热泵机组，其供热功能也仅仅是在供暖期之前和之后的一段时间内，作为辅助供暖之用。

为了在更低环境温度下，发挥大气源热泵机组两种功能之一的制热功能，研发出新一代的大气源热泵机组，正是"风冷北扩"的宗旨所在。适应低环境温度的新一代大气源热泵机组，所应遵循的原则为：

（1）低环境温度大气源热泵机组应有适当的性价比，"风冷北扩"的范围以我国的寒冷地区为主；

（2）机组应在低环境温度下有稳定、可靠的制热功能和足够的制热量。因为，在我国北方地区，空调仅属于标准问题，而供暖则不可或缺；

（3）为体现其节能减排的特点，应有足够高的制热系数。假如机组用电为通常的火力发电，在与锅炉供热相比较时，若二者效率分别为 0.31 与 0.7，热泵机组的制热系数应不低于 0.7/0.31＝2.258W/W。

（4）当机组在低环境温度下满足制热需求时，机组处于最不利的运行状态。环境温度升高，或转入夏季制冷工况时，机组的运行状态以及出力应能及时进行调整，表现出足够高的制热综合部分性能系数 $IPLY(h)$ 与制冷综合部分性能系数 $IPLY(c)$。

关于低环境温度下大气源热泵机组的 $IPLY(h)$ 与 $IPLY(c)$ 的限值，在 2010 年我国相继颁发的产品标准《低环境温度空气源热泵（冷水）机组》GB/T 25127.1～2-2010 中作出了规定。可见表 2-19。

当前，可以满足如上原则要求的、较为成熟的、适应低环境温度的新一代大气源热泵机组，有双级压缩与准双极压缩两大类。

4.4 大气—空气热泵机组

大气—空气热泵机组，热源端以大气为热源（汇），负荷端为室内空气。依靠工质的蒸发或冷凝直接冷却或加热室内空气。冷却室内空气时即制冷工况，热由冷凝器排至大气；而加热室内空气时即制热工况，热来自于大气。其原理图见表 1-5。

单冷式大气—空气热泵机组，由压缩机、热源端空气媒冷凝器，负荷端空气媒蒸发器及节流装置组成。冷热式大气—空气热泵机组，由压缩机、热源端空气媒冷凝/蒸发器、负荷端空气媒蒸发/冷凝器、节流装置及四通换向阀组成。

大气—空气热泵机组，依据其上述各组成部分的不同装配形态，又分为整体式及分体式。整体式机组的各组成部分组装成一体，如窗式及屋顶式空调器。而分体式的机组其热源端和负荷端则分别组装。热源端置于室外，称为室外机。负荷端置于室内，称为室内机。室外机与室内机之间以工质管道及电控线路相连。如分体式房间空调器、机房专用空调器及多联式空调机组等。

4.4.1 整体式空调机组

1. 窗式空调器

窗式空调器为小型整体式大气—空气热泵机组，因多装于窗上而得名。其冷热量为 3.5～10.5kW，属房间空调器的范畴。

窗式空调器如图 4-2 所示。由于其热源端与负荷端为一体，在安装时其机体须穿过外窗或外墙，使空调器的热源端与负荷端分别处于室外环境或室内环境（见图 4-3）。

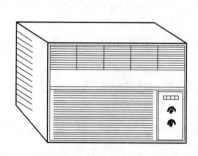

图 4-2 窗式空气调节器外形图

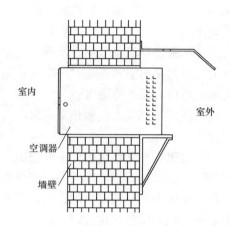

室内

室外

空调器

墙壁

图 4-3 空调器墙上安装示意

窗式空调器的主要技术参数摘录于表 4-1 中。

窗式空调器主要技术参数　　　　　　　　　表 4-1

型号		CKT-3A	CKT-3	CKT-6	CKT-10
		（热泵式）	（单冷式）	（单冷式）	（单冷式）
制冷量(kW)		3.5	3.5	7.0	10.5
制热量(kW)		4.0	—	—	—
风机	风量（室内）(m^3/h)	600	600	1000	2000
	功率(kW)	0.18	0.18	0.25	0.4
压缩机功率(kW)		1.5	1.5	2.2	3.0
总耗电(kW)		1.68	1.68	2.45	3.4
EER		2.1	2.1	2.9	3.1
COP		2.38	—	—	—
工质		R22			
长×宽×高(mm)		660×700×450	660×700×450	650×750×450	950×1200×600
重量(kg)		~100	~100	~150	~150

图 4-4 屋顶式空调器

2. 屋顶式空调器

屋顶式空调器属大型整体式大气—空气源热泵，因在使用时多装于屋顶上而得名。屋顶式空调器装于室外，其热源端直接暴露在大气中。而负荷端则需通过送风和回风管道与室内相连通。屋顶空调器的冷热量为 9.5~390kW。图 4-4 所示为屋顶空调器的典型示例，其参数摘录于表 4-2。

4.4.2 分体式机组

大气—空气源热泵机组作为其热源的大气要流经热源端的冷凝蒸发器，而负荷端的媒介是空调房间的空气。对于热源端与负荷端组装在一起的整体式机组而言，既要接入大气又要接入室内空气，会很不方便。如前所述的窗式空调器，不但安装时要穿过窗户或墙

CWK 屋顶机参数表　　　　　　　　　　　　　　　　　　　　表 4-2

型号	CWK	275	300	350	400	500	600
制冷量	kW	72	88	99	127	147	174
制冷功率	kW	25	30.7	34.7	44.8	49.5	59
制热量	kW	74	90	102	130	150	180
制热功率	kW	24	29.5	33.5	43	48.2	58.3
电热功率	kW	12.5×2	12.5+25	25×2	25+37.5	37.5×2	37.5×2
压缩机	型号	全封闭涡旋式（R407c）					
	台数	1	1	1	1	2	2
风量	m³/h	13600	15300	17000	20400	24600	29500
机外静压	Pa	550					
长	mm	4580	4580	4580	4580	5217	5217
宽	mm	2368	2368	2368	2368	2368	2368
高	mm	1821	1821	1821	1821	1988	1988
机组重量	kg	1617	1638	1672	1790	2007	2086

注：1. 制冷工况：室外温度 DB35℃，室内温度 DB27℃/WB19℃；

2. 制热工况：室外温度 DB7℃/WB6℃，室内温度 DB20℃；

3. 本表摘自特灵空调样本。

壁，而且噪声对于空调房间的影响也会比较大。因此，分体式空调机应运而生。分体式空调的室外机可置于屋顶、室外地坪，或挂于外墙上。其室内机则可按需置于室内任何部位——棚中（卡式）、棚下（天吊式）、墙上（壁挂式）或地板上（柜式）等。布置起来十分方便，噪声的影响也会小于整体式机组。因此发展迅速，在某些机型上已逐步取代整体式机组，诸如窗式空调器等。

分体式机组包括：分体式房间空调器、多联机及分体式机房空调器等。

1. 分体式房间空调器

分体式房间空调器包括室外机及室内机两个部分。室外机由压缩机、热源端空气媒蒸发/冷凝器及风机、四通换向阀组成。室内机由节流机构、负荷端空气媒蒸发/冷凝器及风机组成。室外机与室内机之间以工质管道及电控线路相连。分体式房间空调机示例如图 4-5～图 4-7 所示。图 4-5 为某型号立柜式分体空调机。其滑动送风口见图 4-6。当空调机停止运行时，送风口外侧的滑动面板上提，遮蔽送风口，以保证机内清洁。图 4-7 为某型号壁挂式分体空调机。

分体式空调机的性能参数摘列于表 4-3 及表 4-4。表 4-3 所列为定速冷热式分体空调机，表 4-4 所列为直流调速冷热式分体空调机。资料摘于三菱电机产品样本。

2. 一拖多房间空调机

如前所述，分体式房间空调器在某些方面要优于整体的窗式空调器。但人们也发现，一台室外机与一台室内机组合的所谓的"一拖一"方式，在诸如办公楼、旅馆以及住宅等多房间的建筑中，常常会在外墙上满布室外机，因此而影响建筑物的立面观瞻。

由此，一台室外机连接两台或三台室内机的所谓的"一拖二"、"一拖三"等一拖多机组应运而生。如图 4-8 所示，一台室外机可连接 2～4 台室内机。室外机制冷量等于所连接的室内机的制冷量之和。室外机及室内机主要参数见表 4-5，该表摘自大金空调资料。

定速冷热式分体空调机规格参数表

表 4-3

机型	型号制品名	能效等级	电源 V/Hz	制冷能力 W	总额定输入功率 W	运行电流 A	噪声值 高低 dB	能效比 EER	制热能力(带辅电加热) W	总额定输入功率(带辅电加热) W	运行电流(带辅助加热) A	噪声值 高低 dB	性能系数 COP	室内机空气流量 m³/min	尺寸(宽×高×深) mm	重量(净重) kg	液管 mm	气管 mm	制冷 m²	制热 m²
室内机	PSH-3IAKH3-S	4级	单相 220/50			0.80	43/38				0.8 (9.0)	43/38			600×1900×280	47				
室外机	PUH-3VKD3-S		单相 220/50	7500	2720	11.8	53	2.76	8500 (10300)	2520 (4320)	10.9	53	3.37	20/14	870×850×319	70	9.52	15.88	28~43	33~40*
室外机	PUH-3YKD3-S		三相 380/50			4.4					4.0					66				
型号	RF73W/LD RF73W/LDS																			
室内机	PSH-5JAKH3-S	4级	单相 220/50			1.3	52/43				1.3 (12.7)	52/43			600×1900×360	49				
室外机	PUH-5YKD3-S		三相 380/50	12200	4380	7.8	56	2.79	14500 (17000)	5000 (7500)	8.9	56	2.90	30/25	970×1258×369	111	9.52	19.05	47~72	55~68*
型号	RF122W/LDS																			

PSH/JAK系列冷暖型 柜式

直流调速冷热式分体空调机规格参数表

表 4-4

机型		制品名（型号）	电源 V/Hz	制冷						制热						循环风量 m³/h				内外机连接管 mm	
				全年能效比 GB 21455—2013 APF	制冷能力 W	额定输入功率 W	额定运行电流 A	噪声值 dB(A) 室内 高低	噪声值 室外	季节能效比 GB 21455—2013	制热能力 W	额定输入功率 W	额定运行电流 A	噪声值 室内 高低	噪声值 室外	季节能效比 GB 21455—2013 HSPF	室内机组 制冷	室内机组 制热	室外机组 制冷	室外机组 制热	液管	气管
分体挂壁式 FJ变频系列		MSZFJ09VA (KFR-25GW/BpAH)	单相 220/50	3.95	2500 (900-3100)	760 (210-1100)	3.9	40/27	46	4.26	3300 (700-4000)	890 (190-1200)	4.4	40/24	49	3.48	530	554	1800	1800	6.35	9.52
		MSZFJ12VA (KFR-35GW/BpA)	单相 220/50	3.61	3500 (1100-3900)	1230 (260-1590)	5.8	42/27	46	3.99	4200 (1000-5100)	1220 (230-1700)	5.7	41/24	49	3.07	554	583	1800	1800	6.35	9.52
分体柜式 XEJ变频冷暖系列		MFZ-XE150VA (KFR-50LW/BpL)	单相 220/50	4.13	5000 (1550-6000)	1480 (250-2270)	7.2	38/32	49	4.69	6100 (1100-8400)	1960 (210-2890)	9.4	38/32	52	3.37	910	910	2020	1960	6.35	12.7
		MFZ-XE160VA (KFR-60LW/BpJ)	单相 220/50	4.08	6000 (1540-6700)	1700 (310-2240)	8.3	41/35	53	4.81	7000 (1060-9000)	2040 (240-2890)	9.8	41/37	53	3.18	990	990	3400	3130	6.35	15.88
		MFZ-XEJ72VA (KFR-72LW/BpJ)	单相 220/50	3.76	7200 (2200-8400)	2300 (420-3500)	10.9	42/38	53	4.44	9000 (1550-10300)	2900 (305-3830)	13.9	42/38	53	2.92	1160	1020	3400	3300	6.35	15.88

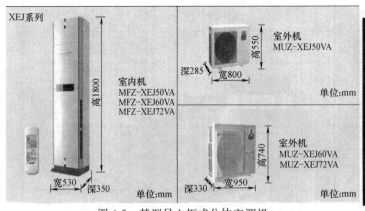

图 4-5　某型号立柜式分体空调机　　　　图 4-6　滑动式送风口

室内机

MUZ-FJ09VA

MUZ-FJ12VA

室外机

MSZ-FJ09VA

MSZ-FJ12VA

图 4-7　某型号壁挂式分体空调机

图 4-8　一拖多分体机示意　　　　　图 4-9　风冷分体式机房空调器

3. 风冷分体式机房空调器

机房空调器系指专门为程控机房、计算机房、移动通信基站以及小型恒温恒湿室、洁净室等的空气调节之用。机房空调器包括水冷式及风冷式两大类。在当前的应用中，以风冷式为多。

风冷式机房空调器多为分体式，其作为热源端的室外机装于屋顶或外廊，而作为负荷端的室内机则就近设于所服务的各类机房。与分体式房间空调器同属于分体式大气—空气热泵机组系列，其典型示例如图 4-9 所示。其风冷下（上）送风式机房专用空调机的参数，见表 4-6。

4. 多联式空调机

1982 年，日本大金空调公司在一拖多分体空调器的基础上，推出名为"VRV"（Varied Refrigerant Volume）的多联空调系统。我国国家标准 GB/T 18837—2002 称其为多联式空调

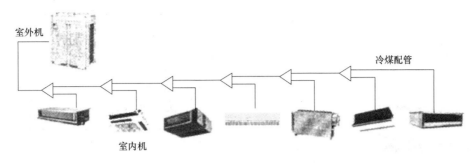

图 4-10 多联机原理简图

（热泵）机组——Multi-Connected air-condition（heat pump）unit，并有如下定义：一台或数台风冷室外机可连接数台不同或相同形式、容量的直接蒸发式室内机构成单一制冷（热）循环系统，它可以向一个或数个区域直接提供处理后的空气，其原理简图见图4-10。

一拖多分体空调机参数表　　　　　　　　表 4-5

室外机					
	组合名称		3MXS80EV2C	4MXS100EV2C	4MXS115HV2C
	电源		单相　50Hz　220V		
	制冷量	kW	8.00	10.00	11.50
	制热量	kW	9.40	11.20	13.20
	压缩机类型		摆动式压缩机		
	运转音	制冷	dB(A)	50	54	55
		制冷		51	54	55
	尺寸($H×W×D$)	mm	735×936×300	770×900×320	990×940×320
	重量	kg	58	69	85
	运转范围	制冷/制热	−5~46℃DB/−15~15.5℃WB		
	选择电线规格用电流	A	17.5	18.5	25.3
	选择断路器用电流	A	20		30

3MXS80EV2C

4MXS100EV2C

4MXS115EV2C

室内机						
	型号		CDXS25EV2C	CDXS35EV2C	CDXS50EV2C	CDXS60EV2C
	电源		单相　50Hz　220V			
	制冷量	kW	2.50	3.50	5.00	6.00
	制热量	kW	3.86	4.42	6.13	7.32
	送风量 (高/中/低/静音)	m³/min	8.7/8.1/ 7.5/6.0	10.0/9.3/ 8.5/7.0	12.5/11.5/ 10.5/8.8	16.0/14.8/ 13.5/11.2
	运转噪声 (高/中/低/静音)	dB(A)	33/31/29/27	35/33/31/29	35/33/31/29	36/34/32/30
	机外静压	Pa	10		20	
	尺寸($H×W×D$)	mm	200×700×620	200×900×620	200×1100×620	
	风口尺寸($H×W$)	mm	153×660	153×860	153×1060	
	重量	kg	21	25	29	
	配管	液管/气管	mm	$\phi6.4/\phi9.5$		$\phi6.4/\phi12.7$	
		排水管		PVC26(O.D.ϕ26/I.D.ϕ20)			
	配件	标配/选配	ARC433A75(无线遥控器组件)/BRC944A1C(有线遥控器)			

天花板内藏风管式(超薄型)
CDXS-EV2C

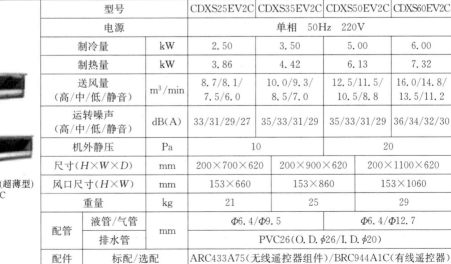

续表

型 号			CTXS25EV2C	CTXS35EV2C
电源			单相 50Hz 220V	
制冷量		kW	2.50	3.50
制热量		kW	3.86	4.42
运转噪声 (高/低/静音)	制冷	dB(A)	37/25/22	38/26/23
	制热		37/28/25	38/29/26
尺寸(H×W×D)		mm	283×800×195	
重量		kg	9	
连接配管	液管 (扩口)	mm	Φ6.4	
	气管 (扩口)		Φ9.5	
	排水管		Φ18.0	

挂壁式
CTXS系列

型号			CBXS71EV2C
电源			单相 50Hz 220V
制冷量		kW	7.1
制热量		kW	8.15
送风量	高	m³/min	19
	低	m³/min	14
运转噪声 (高/低)	制冷	dB(A)	41/35
	制热		41/35
尺寸(H×W×D)		mm	300×1000×800
风口尺寸(H×W)		mm	215×760
重量		kg	41
连接配管	液管 (扩口)	mm	Φ6.4
	气管 (扩口)		Φ19.5
	排水管		PVC32(O.D.Φ32/I.D.Φ25)
机外静压 (高/标准/低)		Pa	88/49/20

天花板嵌入导管内藏式
CBXS-E系列
(仅适用于4MX系统)

注:1. 上述室外机能力表示制冷时条件:室内回气温度27℃DB,19℃WB;室外温度35℃DB。冷媒配管长5m(水平)。
    2. 上述室外机能力表示制热时条件:室内回气温度20℃DB;室外温度7℃DB,6℃WB。冷媒配管长5m(水平)。

风冷下(上)送风式机房专用空调机参数表   表 4-6

型 号		FX(S)15NH	FX(S)19NH	FX(S)25NH	FX(S)32NH	FX(S)40NH	FX(S)52NH
制冷量	kW	15.6	19.7	25.9	33.2	40.7	53.2
制热量	kW	6.2	8.0	10.5	12.9	16.0	20.6
温度控制范围和精度		18~28±0.8℃					
湿度控制范围和精度		45~65±4%					

型　号			FX(S)15NH	FX(S)19NH	FX(S)25NH	FX(S)32NH	FX(S)40NH	FX(S)52NH
电源			3Φ380V 50Hz					
室内机	风机	种类	直联离心式					
		风量　m³/h	5000	5800	7200	9500	11500	15000
		余压　Pa	75	75	75(100)	125(150)	125(150)	175(200)
		噪声　dB(A)	64	65	67	67	69	71
	电加热　kW		7.2	7.2	7.2	9	14.4	14.4
	电加湿	加湿量　kg/h	3	5	5	8	8	8
		功率　kW	2.3	3.75	3.75	6.1	6.1	6.1
	压缩机		全封闭涡旋式（1台）			全封闭涡旋式（2台）		
	工质		407c					
	外形尺寸　mm		800×870×1980(2300)	920×870×1980(2300)	1070×870×1980(2300)	1700×870×1980(2350)	1700×870×1980(2350)	2250×870×1980(2350)
	重量　kg		331	355	490	640	700	875
室外机	型号		6HPN	8HPN	10HPN	6HPN	8HPN	10HPN
	台数		1	1	1	2	2	2
	风机	种类	轴流式					
		风量　m³/h	8500	10600	13500	8500×2	10600×2	13500×2
	外形尺寸　mm		675×670×1180	1070×920×1280	1070×920×1280	675×670×1180	1070×920×1280	1070×920×1280
	重量　kg		121	137	150	121	137	150
连接管	排气管　mm		Φ16	Φ22	Φ22	Φ16×2	Φ22×2	Φ22×2
	供液管　mm		Φ12	Φ16	Φ16	Φ12×2	Φ12×2	Φ16×2

注：1. 制冷工况：室内温度 DB24℃，相对湿度 50%，室外气温 DB35℃，WB24℃；

　　2. 括号内余压值为上送风式，括号内外形尺寸为配带风帽时的高度；

　　3. 本参数表摘自吉荣空调样本。

多联机在推出之后的三十余年中，有了长足的发展。据大金空调的资料，多联机的一台室外机可连接多达 64 台室内机；室外机与室内机之间的高差可达 110m（室外机在下）或 90m（室外机在上），室内机高差可达 30m；工质管道最大实际单管长可达 165m，第一分歧管后最大管长可达 90m。随着其单台室外机可连接的室内机数量、室外机与室内机之间工质管道长度等方面的突破，以及首推以变冷媒（工质）流量来进行输出调节的方式，多联机既可应用于住宅、别墅等，也可作为中央空调应用于办公楼、旅馆等较大型建筑中。

多联机的室外机，有单级压缩及双级压缩两种。单级压缩的室外机属基本形式，其典型示例的 8 种单体规格见表 4-7，其组合型计 22 种，规格见表 4-8。

X 系列 VRV 室外机单体规格表　　　　　　　　　　　　　　　表 4-7

简图								
型号		RUXYQ						
		8AB	10AB	12AB	14AB	16AB	18AB	20AB	22AB
电源		三相 50Hz 380V							
制冷量	kW	22.4	28.0	33.5	40.0	45.0	50.0	56.0	61.5
制热量	kW	25.0	31.5	37.5	45.0	50.0	56.0	63.0	69.0
制冷耗电	kW	5.05	7.00	8.70	10.70	12.70	14.30	16.50	20.20
制热耗电	kW	5.34	7.15	8.81	10.90	12.40	14.00	16.50	18.70
IPLV(C)值		6.60	6.50	6.50	6.50	6.30	6.00	6.00	5.60
风扇风量	m³/s	162	175	185	223	260	251	261	271
正面运转音	dB(A)	57	58	60	60	60	61	62	63
四面运转音	dB(A)	60	61	63	63	63	64	65	66
夜间运转音	dB(A)	40							
压缩机及工质		全封闭涡旋式 R410a							
液管	mm	$\varPhi 9.5$			$\varPhi 12.7$			$\varPhi 15.9$	
气管	mm	$\varPhi 19.1$	$\varPhi 22.2$		$\varPhi 25.4$			$\varPhi 28.6$	
外形尺寸	mm	1657×930×765				1657×1240×765			
机组重量	kg	186	193	215	288	288	322	322	322

注：1. 制冷工况：室内温度 27℃DB/19℃WB，室外温度 35℃DB；

　　2. 制热工况：室内温度 20℃DB，室外温度 7℃DB/6℃WB；

　　3. 运转音系在消音室内测得，数值略低于实际安装状态；

　　4. 摘自大金空调样本。

X 系列 VRV 室外机组合体系规格表　　　　　　　　　　　　　　表 4-8

简图											
型号		RUXYQ									
		24AB	26AB	28AB	30AB	32AB	34AB	36AB	38AB	40AB	42AB	44AB
组合形式		12AB+ 12AB	10AB+ 16AB	12AB+ 16AB	8AB+ 22AB	10AB+ 22AB	12AB+ 22AB	14AB+ 22AB	16AB+ 22AB	18AB+ 22AB	20AB+ 22AB	22AB+ 22AB
制冷量	kW	67.0	73.0	78.5	83.9	89.5	95.0	101.5	106.5	111.5	117.5	123.0

型号		RUXYQ										
		24AB	26AB	28AB	30AB	32AB	34AB	36AB	38AB	40AB	42AB	44AB
制热量	kW	75.0	81.5	87.5	94.0	100.5	106.5	114.0	119.0	125.0	132.0	138.0
简图												

型号		RUXYQ									
		46AB	48AB	50AB	52AB	54AB	56AB	58AB	60AB	62AB	64AB	66AB
组合形式		8AB+16AB+22AB	10AB+16AB+22AB	12AB+16AB+22AB	10AB+20AB+22AB	10AB+22AB+22AB	12AB+22AB+22AB	14AB+22AB+22AB	16AB+22AB+22AB	18AB+22AB+22AB	20AB+22AB+22AB	22AB+22AB+22AB
制冷量	kW	128.9	134.5	140.0	145.0	151.0	156.5	163.0	168.0	173.0	179.0	184.5
制热量	kW	144.0	150.0	156.5	163.5	169.5	175.5	183.0	188.0	194.0	201.0	207.0

注：摘自大金空调样本。

双级压缩室外机由大金空调首推，在单级压缩室外机之外附加被称为功能模块的箱体。功能模块内装二级压缩机及中间冷却器。双级压缩室外机可应用于寒冷地区，满足冬季供热要求。其典型规格见表 4-9。

多联机的室内机有多种形式，可明装，也可暗装；可连接风管，也可无需风管；可嵌于吊顶，也可装于吊顶内；可挂于墙壁，也可以落地安装。典型室内机系列见表 4-10。表中所列为 14 种形式，每种形式冷（热）量由 2.2kW 至 15kW 等多种规格。

二级压缩 VRV 室外机规格表   表 4-9

简图					
型号		RHSYQ10PY1	RHSYQ14PY1	RHSYQ16PY1	RHSYQ20PY1
构成	单级压缩室外机	RHSQ10PY1	RHSQ14PY1	RHSQ16PY1	RHSQ(8PY1+12PY1)
	功能模块	BHSQ20PY1			
	电源	3 相 50Hz 380V			
制冷(1)	制冷量 kW	28.0	40.0	45.0	56.0
	制热量 kW	7.55	12.5	15.0	17.1
	COP 值	3.71	3.20	3.00	3.27
制热(2)	制冷量 kW	31.5	45.0	50.0	63.0
	制热量 kW	7.70	11.3	12.9	15.4
	COP 值	4.09	3.98	3.88	4.09

续表

型号			RHSYQ10PY1	RHSYQ14PY1	RHSYQ16PY1	RHSYQ20PY1
制热(3)	制冷量	kW	28.0	40.0	45.0	56.0
	制热量	kW	8.1	12.7	14.9	18.6
	COP 值		3.46	3.15	3.02	3.01
压缩机类型及工质			全封闭涡旋式 R410a			
运转音		dB(A)	60	61	63	63
尺寸（高×宽×深）		mm	1680×930×765＋1570×460×765	1680×1240×765＋1570×460×765	1680×1240×765＋1570×460×765	1680×930×765＋1680×930×765＋1570×460×765
总重量		kg	257＋110	338＋110	344＋110	205＋257＋110

注：1. 制冷工况，室内温度 27℃DB/19℃WB，室外温度 35℃DB；

2. 制热工况，室内温度 20℃DB，室外温度 7℃DB/6℃WB；

3. 制热工况，室内温度 20℃DB，室外温度－10℃WB；

4. 本表摘自大金空调资料。

VRV 室内机系列表 表 4-10

室内机名称	型号	简图	2.2	2.5	2.8	3.2	3.6	4.0	4.5	5.0	5.6	6.3	7.1	8.0	9.0	10.0	11.2	12.5	14.0	15.0
智能感知环绕气流嵌入式	FXFSP-AB				●		●		●		●		●	●	●	●	●	●	●	
环绕气流嵌入式	FXFP-LVC				●		●		●		●		●	●	●	●	●	●	●	
双向气流嵌入式	FXCP-MMVC			●		●		●		●		●		●					●	
单向气流嵌入式	FXCP-EPVC		●	●	●	●	●	●	●	●	●	●								
智能感知3D气流风管式	FXDSP-ABP		●	●	●	●	●	●	●	●	●	●	●							
3D气流风管式	FXDAP-ABP		●	●	●	●	●	●	●	●	●	●	●							
超薄小巧风管式	FXDP-QPVC		●	●	●	●	●	●	●	●	●	●	●							
超薄大容量风管式	FXDP-QPVC													●	●	●	●			
自由静压风管式	FXMP-N(A)VC			●		●	●	●			●	●	●		●		●	●		
中静压风管式	FXSP-MMVC		●		●		●	●			●		●	●	●	●	●	●	●	●
薄型风管式	FXDP-KMVC																		●	

室内机名称	型号	简图	2.2	2.5	2.8	3.2	3.6	4.0	4.5	5.0	5.6	6.3	7.1	8.0	9.0	10.0	11.2	12.5	14.0	15.0
内藏落地式	FXNP-MNVC				●		●		●		●		●							
	FXNP-MMVC				●															
明装落地式	FXNP-MLVC			●		●	●		●		●		●							
挂壁式	FXAP-MMVC			●			●													
	FXAP-NMVC			●		●	●													

在使用多联时，新风机可使用带热回收的换气机，也可配套使用 VRV 新风处理机。VRV 新风处理机的典型示例列于表 4-11。小风量新风机可与室内机连接于同一室外机。大风量新风机应固定连接于一台室外机。不可一台室外机连接多台大风量新风机，也不可与室内机共用一套室外机。

新风机组规格表　　　　　　　　　　　　　　　　　表 4-11

机型								
型　号		FXMFP 140AB	FXMFP 224AB	FXMFP 280AB	FMQ25P G15/G20/G30	FMQ30 PG20	FMQ40 PG20/G30	FMQ50 PG20	FMQ60 PG20/G30
电源		单相(220V,50Hz)			三相(380V,50Hz)				
耗电量	W	300	548	590	400/470/660	630	720/1080	840/1170	1170/1440
风量	m³/h	1080	11680	2100	2500	3000	4000	5000	6000
机外静压	Pa	185	225	205	150/200300	200	200/300	200/300	200/300
冷量	kW	14.0	22.4	28.0	28.0	28.0	45.0	56.0	56.0
热量	kW	8.9	13.9	17.4	17.4	17.4	27.8	34.8	34.8

注：1. 制冷工况：室外温度 33℃ (CDB)，28℃ (WB)，送风温度 18℃；
　　2. 制热情况：室外温度 0℃ (CDB)，−29℃ (WB)，送风温度 22℃。

5. 三管制多联式空调机

前述的多联式空调机组，其室外机与室内机之间连接的工质管道有液管及气管（高低压气态工质合用）两根，因此也可称为两管制多联机。而三管制多联机，其室外机与室内机之间连接的工质管道有液管、高压气管及低压气管，并在单台或一组室内机的工质管道上设置功能转换器（见图 7-7），称为三管制多联机（见图 4-11）。

两管制多联机，连接于同一室外机的各台室内机，只能同时在制冷或制热的单一工况下运行。而三管制多联机，其连接于同一室外机的各台或各组室内机，可依靠功能转换装置根据各自的需求随时转换至制冷或制热工况。

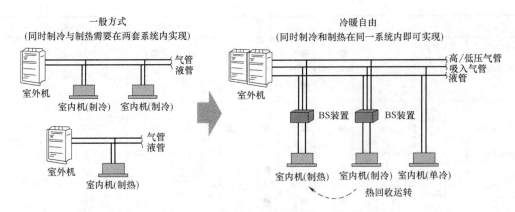

图 4-11 三管制与二管制多联机对比图

三管制多联机由日本大金公司推出，名为热回收 VRV，现名自由冷暖 VRV。三管制多联机在运行中，若部分室内机制冷，部分室内机制热，则制冷室内机的排热转移至制热的室内机，即所谓的热回收。此时的室内机之间互为负荷端与热源端，并发生热的转移。热转移自其他室内机，或者取自大气，都是无偿的。因此，热回收本身其实并无太大的价值。但由于室内机互为负荷端与热源端，而使室外机的压缩机和风扇的投入最多时可减少约 50%，运行能耗也因此而减少。此系三管制多联机的优点之一。其优点之二是，类似于四管制的风机盘管系统，各室内机可依据需求随时进行制冷或制热，以满足较高的舒适度要求。三管制多联机的室外机系列见表 4-12，而室内机系列与两管制多联机基本相同。

自由冷暖 VRV 室外机系列表　　　　　　　　　　　　　　　表 4-12

型号		RHXYQ-						
		18RSY1	20RSY1	22RSY1	24RSY1	26RSY1	28RSY1	30RSY1
组合形式		8RSY1+ 10RSY1	8RSY1+ 12RSY1	10RSY1+ 12RSY1	12RSY1+ 12RSY1	10RSY1+ 16RSY1	12RSY1+ 16RSY1	14RSY1+ 16RSY1
制冷量	kW	50.4	55.9	61.5	67.0	73.0	78.5	85.0
制热量	kW	56.5	62.5	69.0	75.0	81.5	87.5	95.0
型号		RHXYQ-						
		34RSY1	36RSY1	38RSY1	40RSY1	42RSY1	44RSY1	46RSY1
组合形式		8RSY1+ 10RSY1+ 16RSY1	8RSY1+ 12RSY1+ 16RSY1	10RSY1+ 12RSY1+ 16RSY1	12RSY1+ 12RSY1+ 16RSY1	10RSY1+ 16RSY1+ 16RSY1	12RSY1+ 16RSY1+ 16RSY1	14RSY1+ 16RSY1+ 16RSY1
制冷量	kW	95.4	100.9	106.5	112.0	118.0	123.5	130.0
制热量	kW	106.5	112.5	119.0	125.0	131.5	137.5	145.0

注：1. 制冷工况，室内温度 27℃DB/19℃WB，室外温度 35℃DB；
　　2. 制热工况，室内温度 20℃DB，室外温度 7℃DB/6℃WB；
　　3. 本表摘自大金空调样本。

4.5　空气—空气热泵机组

一般所谓的空气—空气热泵，由于热源端置于室外，其热源为室外空气，即大气。因此应称为大气—空气热泵。而真正可以称之为空气—空气热泵的是冷冻式去湿机。

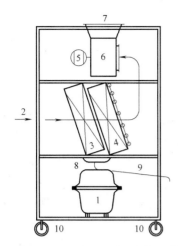

图 4-12 KQS-3 型去湿机结构示意图

1—全封闭压缩机；2—湿空气入口；3—蒸发器；

4—冷凝器；5—电动机；6—通风机；7—送风口；

8—接水盘；9—凝结水管；10—胶轮

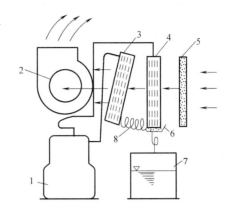

图 4-13 去湿机运行原理图

1—压缩机；2—风机；3—冷凝器；

4—蒸发器；5—过滤器；6—凝水盘；

7—凝水桶；8—节流装置

如图 4-12、图 4-13 所示，冷冻去湿机的组成与一般的大气－空气热泵机组基本相同。但其用途既非制热、亦非制冷，而是巧妙地利用热泵的传输，令室内空气所含的热失（经蒸发器降温降湿）而复得（经冷凝器等湿加温），达到去湿的目的。

冷冻去湿机的空气处理 h-d 图过程示于图 4-14。室内空气由状态点 N，经蒸发器吸热去湿至 K 点。空气以状态点 K 经冷凝器被加热至点 S，送至室内。在选择去湿机时，其去湿量（kg/h）应等于房间余湿量（kg/h）。图中 Δd（g/kg）为除湿量（kg/h）乘以 1000，再除以去湿机风量（kg/h）之过程值。

某品牌立柜式除湿机技术参数见表 4-13。

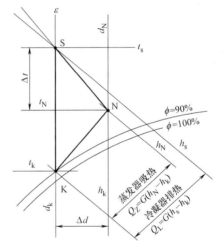

图 4-14 去湿机空气 h-d 图

KQF 型立柜式去湿机技术参数　　　　　　　表 4-13

型号		KQF-3	KQF-6	KQF-10
形式		整体立柜式		
去湿量(kg/h)		3.0	6.0	10.0
风机	风量（m³/h）	860	2200	3500
	功率（kW）	0.18	0.4	1.1
压缩机	形式	2FM4	2FM4G	3FM4G
	功率（kW）	1.5	2.2	3.0
工质		R22		

注：去湿量为室内温度为 27℃，相对湿度为 70% 时的数值。室内温湿度变化时，应按厂家技术资料修正。

4.6 大气—水热泵机组

空调所用的风冷冷水机组或风冷冷热水机组均属于大气—水热泵的范畴。大气—水热泵机组的原理简图如图 1-5 所示。

大气—水热泵机组一般设置于屋面或地上，以大气为热源，为空调提供冷水或冷热水。在只提供冷水时，通常称为风冷冷水机组。由压缩机、空气媒冷凝器、节流机构及水媒蒸发器组成。风冷冷热水机组可以在夏季为空调提供冷水，在冬季（夏热冬冷地区）或过渡季（严寒及寒冷地区）提供热水。风冷冷热水机组，由压缩机、空气媒冷凝/蒸发器、节流机构、四通换向阀及水媒冷凝/蒸发器组成。所使用的压缩机，小型机组多为涡旋式，大中型多为螺杆式，而大型机组可使用离心式。按机组的结构，大气—水热泵也分为整体式和模块式。整体式机组系将其各部件组装成一体，由不同型号形成系列，有着不同的冷热量，以满足空调系统的需求。小型机组也可以配带循环水泵及膨胀罐。模块式机组由一个或数个模块组成。每一模块均具有独立的制冷制热功能，并预留水管及电控接口。机组总的制冷制热量取决于组成的模块数量。

4.6.1 整体式大气—水热泵机组示例

某型号整体式大气—水热泵机组如图 4-15 所示。

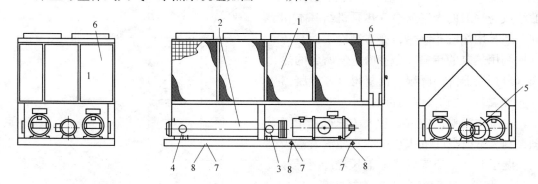

图 4-15 整体式大气-水热泵机组

1—空气媒冷凝/蒸发器；2—水媒冷凝/蒸发器；3—水媒冷凝/蒸发器进水；4—水媒冷凝/蒸发器出水；
5—水媒冷凝/蒸发器进出水快速接头；6—电控箱；7—起吊孔；8—减振安装孔

大气—水热泵机组（风冷式冷（热）水机组）技术参数如表 4-14 所示。

风冷式冷（热）水机组参数表　　　　　　　　　　　表 **4-14**

风冷冷水机组									
型　号	AAWS400	AAWS500	AAWS600	AAWS800	AAWS1000	AAWS1200	AAWS1600	AAWS2000	AAWS2400
电　流	3Φ-380V-50Hz								
制冷量　kW	123	144	176	247	287	352	508	632	762
输入功率　kW	42.2	50.8	60.8	81.4	97.6	116.2	176	228.4	255.4
压缩机	半封闭螺杆式(1台)				半封闭螺杆式(2台)				
工　质	R22								
水侧冷凝器　形式	壳管式								
水侧冷凝器　水流　m³/h	21.2	24.7	30.3	42.4	49.4	60.6	87.4	108.7	131.1
水侧冷凝器　压降　kPa	4.4	4.8	5.1	5.6	6.2	6.5	6.3	6.3	6.6

			AAWS 400	AAWS 500	AAWS 600	AAWS 800	AAWS 1000	AAWS 1200	AAWS 1600	AAWS 2000	AAWS 2400
风扇	型式		轴流式								
	风量	m³/min	750	1000	1000	1380	1800	2300	3000	4900	4900
	功率	W	850×3	850×4	850×4	290×6	290×8	290×10	850×12	850×20	850×20
外形尺寸	长	mm	2950	3065		4050	6005		8000		
	宽	mm	1000	2200		2200	2200		2000		
	高	mm	2000	2230		2260	2260		2320		
机组重量		kg	1400	1800	2010	2805	3510	3970	5950	6900	7290
运行重量		kg	1500	1900	2125	2975	3715	4205	6200	7220	7670
运转噪声		dB(A)	68	68	68	72	74	76	74	76	76

风冷冷热水机组

			AAWS 400H	AAWS 500H	AAWS 600H	AAWS 800H	AAWS 1000H	AAWS 1200H	AAWS 1600H	AAWS 2000H	AAWS 2400H
电流			3Φ-380V-50Hz								
制冷量		kW	125	153	186	250	307	373	508	632	762
制热量		kW	138	169	205	276	339	411	600	745	890
输入功率		kW	43.2	52.4	61.4	85.4	104.8	122.8	176	228.8	265.4
压缩机			半封闭螺杆式（1台）				半封闭螺杆式（2台）				
工质			R22								
水侧冷凝器/蒸发器	形式		壳管式								
	水流	m³/h	21.5	26.4	32	43	52.8	64.1	87.4	108.7	131.1
	压降	kPa	4.8	5.2	5.6	5.9	6.4	6.7	6.3	6.3	6.6
风扇	形式		轴流式								
	风量	m³/min	1000	1400	1350	2000	3000	3000	5000	4900	4900
	功率	W	850×4	850×6	850×6	850×8	850×12	850×12	850×20	850×20	850×20
外形尺寸	长	mm	2080	3065		4050	6005		8000		
	宽	mm	2200	2200		2200	2200		2000		
	高	mm	2230	2230		2260	2260		2320		
机组重量		kg	1550	1930	2050	3050	3800	4125	6000	6980	7380
运行重量		kg	1615	2030	2150	3180	3910	4325	6200	7310	7770
运转噪声		dB(A)	68	68	68	72	74	70	74	76	76

注：1. 制冷工况，室外温度35℃DB/24℃WB，进/出水温度12℃/7℃；

2. 制热工况，室外温度7℃DB，进/出水温度40℃/45℃；

3. 本表摘自伊美柯空调样本。

4.6.2 模块式大气—水热泵机组

本书所摘模块式大气—水热泵机组（模块式风冷冷热水机组），含单冷式及冷热式模块各三种规格，其参数见表4-15。每一组合可含1~6个模块（见图4-16、图4-17）。6种模块可根据冷热量的需求有多种组合。但在工厂生产中确仅限于6种规格，大大简化了生产程序。且因以模块为单元，外形小重量轻，便于运输安装。缺点是，所采用的压缩机容量较小，其 *COP* 值相对于大型压缩机，不够理想。

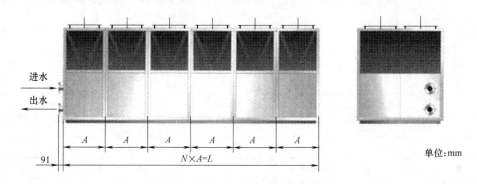

图 4-16　模块式大气—水热泵机组组合图

机型	台数	单机尺寸(A)	机组尺寸(L)
M(4)AC160A(R)	1	1000	1000
M(4)AC320A(R)	2	1000	2000
M(4)AC480A(R)	3	1000	3000
M(4)AC640A(R)	4	1000	4000
M(4)AC800A(R)	5	1000	5000
M(4)AC960A(R)	6	1000	6000
……	n(n＜6)	1000	1000×n

图 4-17　模块式大气—水热泵机组组合图 尺寸表

大气—水热泵——模块式风冷冷热水机组模块参数表　　　　　表 4-15

型　号			M4AC					
			160A	160AR	170A	170AR	210A	210AR
名义制冷量		kW	46	46	51	50	63	63
名义制热量		kW	—	57	—	54	—	66
制冷输入功率		kW	18.6	18.6	18.0	18.0	25.4	25.4
制热输入功率		kW	—	19.9	—	18.7	—	22.1
电源			380V/3Φ/50Hz					
水媒冷凝/蒸发器	类　型		高效板式					
	水流量	m³/h	8.1	8.1	8.7	8.7	10.4	10.4
	水阻力	kPa	98	98	40	40	40	40
	进出水管径		3"法兰接头			5"法兰接头		
压缩机	类型		全封闭涡旋式					
	工质		R407c					
风机	形式		轴流大叶片低噪声					
	功率	kW	1.7	1.7	1.5	1.5	1.5	1.5

型　　号		M4AC					
		160A	160AR	170A	170AR	210A	210AR
机组重量	kg	620	640	690	690	790	790
机组尺寸	长 mm	1820	1820	2506	2506	2506	2506
	宽 mm	1091	1091	1140	1140	1140	1140
	高 mm	1785	1785	2193	2193	2193	2193

注：1. 制冷工况，进/出水温度 12℃/7℃，室外环境温度 35℃；
　　2. 制热工况，进/出水温度 40℃/50℃，室外环境温度 7℃；
　　3. M4AC160AR、M4AC170AR、M4AC210AR 中之字母 R 代表冷热式机组，缺省为单冷机组；
　　4. 同型号模块机组，台数≤6 台；
　　5. 本表摘自麦克维尔公司资料。

4.6.3 热回收机组示例

热回收式大气—水热泵机组的外形如图 4-18 所示。与普通的大气—水热泵机组不同的是，在热源端空气媒冷凝/蒸发器、四通换向阀、节流装置及负荷端水媒冷凝/蒸发器等组成部分之外，尚装配有副冷凝器——用以加热生活热水的热回收换热器，以达到回收冷凝热的目的。

图 4-18　热回收式大气—水热泵机组

与图 2-17 及图 2-18 所示的热回收式水冷冷水机组相似，大气—水热泵机组所装配的副冷凝器——热回收换热器，与其空气媒冷凝/蒸发器之间，也有并联与串联，即全热回收及部分热回收两种形式。

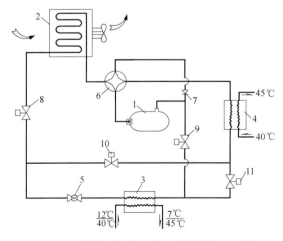

图 4-19　全热回收式大气—水热泵机组流程
1—压缩机；2—热源端空气媒冷凝/蒸发器；3—负荷端水媒冷凝/蒸发器；4—热回收换热器；5—节流装置；6—四通换向阀；7—止回阀；8～11—电磁阀

全热回收式大气—水热泵机组示例的流程图见图 4-19，其性能参数列于表 4-16。由图 4-19 及表 4-16 可见，单制冷工况流程为：压缩机 1—四通换向阀 6—热源端空气媒冷凝/蒸发器 2（冷凝过程，散热于大气）—电磁阀 8（电磁阀 10 关闭）—节流装置 5—负荷端水媒冷凝/蒸发器 3（蒸发过程，冷却空调冷水，温度 12℃/7℃）—电磁阀 9（电磁阀 11 关闭）—压缩机 1；制冷＋热回收工况工质的循环流程为：压缩机 1—四通换向阀 6—热回收换热器 4（冷凝过程，加热生活热水，温度 40℃/45℃）—电磁阀 10（电磁阀 8、11 关闭）—节流装置 5—负荷端水媒冷凝/蒸发器 3（蒸发过程，冷却空调冷水，温度 12℃/7℃）—电磁阀 9—压缩机 1；制热工况（视需求加热空调热水或生活热水）工质的循环流程为：压缩机 1—四通换向阀 6—热回收换热器 4（冷凝过程，根据需求加热生活热水，温度 40℃/45℃，或不进行加热。）—电磁阀 11（电磁阀 9 关闭）—负荷端水媒冷凝/蒸发器 3（冷凝过程，根据需求加热空调热水，温度 40℃/45℃，或不进行加热。）—节流装置 5—电磁阀 8（电磁阀 10 关闭）—热源端空气媒冷凝/蒸发器 2（蒸发过程，由大气吸热）—四通换向阀 6—压缩机 1。

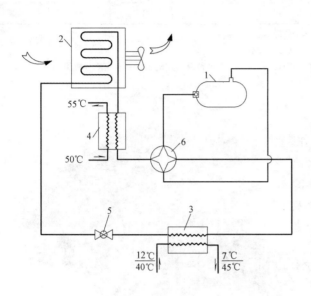

图 4-20　部分热回收式大气—水热泵机组流程
1—压缩机；2—热源端空气媒冷凝/蒸发器；
3—负荷端水媒冷凝/蒸发器；4—热回收换热器；
5—节流装置；6—四通换向阀

部分热回收式大气—水热泵机组示例的流程图见图 4-20，其性能参数列于表 4-17。由图 4-20 及表 4-17 可见，单制冷或制冷＋热回收的工况工质循环的流程为：压缩机 1—四通换向阀 6—热回收换热器 4（冷凝过程，加热生活热水，温度 50℃/55℃，单冷工况时停止）—热源端空气媒冷凝/蒸发器 2（冷凝过程，将剩余热量 或单制冷工况时的全部热量散入大气）—节流装置 5—负荷端水媒冷凝/蒸发器 3（蒸发过程，冷却空调冷水，温度 12℃/7℃）—四通换向阀 6—压缩机 1；制热工况工质的循环流程为：压缩机 1—四通换向阀 6—负荷端水媒冷凝/蒸发器 3（冷凝过程，加热空调热水，温度 40℃/45℃。）—节流装置 5—热源端空气媒冷凝/蒸发器 2（蒸发过程，由大气吸热）—热回收换热器 4（停运状态）—四通换向阀 6—压缩机 1。

全热回收式大气—水热泵机组，在制冷＋热回收工况（见图 4-19），其运行状态实质上已成为一台水—水热泵机组。其热源端空气媒冷凝/蒸发器 2 停止运行。压缩机 1 排气进入热回收换热器 4 中，冷凝并对生活热水加热。冷凝后的液态工质经节流装置 5 进入负荷端水媒冷凝/蒸发器 3 中，蒸发并吸收空调冷水中的热量，成为对生活热水进行加热的热源，同时达到冷却空调冷水的目的。

依据表 4-16，以 MHSF-SR-200 型机组为例：全热回收量 834kW，机组输入功率 220kW。由此可以得出，制冷量为 834kW－220kW＝614kW。制热系数为 834kW/220kW ＝3.791，制冷系数为 614kW/220kW＝2.791，综合性能系数则高达 3.791＋2.791＝ 6.582。无热回收的单纯制冷工况时，名义制冷量为 695kW，输入功率为 248kW，其制冷能效比 EER＝695kW/248kW＝2.802。两者相比，全热回收工况时的能效比要高出 134.9%。

部分热回收式大气—水热泵机组，以表 4-17 中 MCHSF-SP-200 型机组为例：制冷量为 695kW，热回收量为 174kW，压缩机功率 216kW，风机功率为 28kW。经计算可得出：制冷能效比 $EER=695kW/(216kW+28kW)=2.848$，热回收制热系数 $COP=174kW/216kW=0.806$，综合能效可达 $2.848+0.809=3.654$。两者相比，部分热回收工况的能效要高出 28.3%。

全热回收系列风冷热泵机组参数表　　　　表 4-16

机型 MHSF-SR			050	060	070	080	100	120	135	150	170	185	200	220	235
名义制冷量		kW	164	198	232	270	347	407	439	507	603	631	695	755	811
名义制热量		kW	172	208	243	284	365	428	461	532	633	663	730	792	851
全热回收量		kW	197	237	278	324	417	489	527	608	724	757	834	906	973
能量调节范围			0,25~100%										0,12.5~100%		
电源			三相 380V/50Hz												
工质	种类		R407c												
	控制		电子膨胀阀												
压缩机	形式		半封闭单螺杆式												
	台数		1	1	1	1	1	1	1	1	1	1	2	2	2
	型号	HSS	3118	3120	3121	3122	3220	3221	4221	4222	4223	4223	3220+3220	3220+3221	3221+3221
	制冷电机功率	kW	49	59	69	78	108	127	133	157	192	180	220	235	253
	制热电机功率	kW	50	60	71	81	112	132	139	164	201	188	230	246	265
风侧换热器	类型		翅片式换热器												
	翅片距		14 片/英寸												
	迎风面积	m²	9.57	9.57	12.07	12.07	16.09	16.09	16.09	20.12	20.12	24.14	28.16	30.18	32.19
风机	台数	n	4	4	6	6	8	8	8	10	10	12	14	15	16
	总风量	×10⁴ m³/h	8.8	8.8	13.2	13.2	17.6	17.6	17.6	22.0	22.0	26.4	30.8	33.0	35.2
	总功率	kW	8.0	8.0	12.0	12.0	16.0	16.0	16.0	20.0	20.0	24.0	28.0	30.0	32.0
水侧换热器	类型		壳管式换热器												
	制冷水流量	m³/h	28	34	40	46	60	70	76	87	104	109	120	130	139
	制热水流量	m³/h	30	36	42	49	63	74	79	91	109	114	125	136	146
	水阻力	kPa	18	24	18	28	31	37	37	37	32	46	55	41	53
	接管直径	英寸	5						8						
热回收侧换热器	类型		板式换热器												
	数量	n	1										2		
	水流量	m³/h	33.9	40.8	47.8	55.8	71.7	84.1	90.6	104.6	124.5	130.3	143.4	155.8	167.4
	接管直径	英寸	3								4		3		
制冷输入总功率		kW	57	67	81	90	124	143	149	177	212	204	248	265	285
制热输入总功率		kW	58	68	83	93	128	148	155	184	221	212	258	276	297
制冷总功率(热回收)		kW	49	59	69	78	108	127	133	157	192	180	220	235	253

续表

机型 MHSF-SR			050	060	070	080	100	120	135	150	170	185	200	220	235
外形尺寸	长	mm	2975		3200		4100			5000		5900	7300	8200	
	宽	mm	2260												
	高	mm	2285				2360								
质量	运输	kg	2745	2755	3320	3340	4630	5070	5070	5830	5830	6400	8245	9035	9710
	运行	kg	2895	2905	3470	3490	4780	5220	5220	6010	6010	6590	8445	9235	9910

注：1. 名义制冷量设计工况：冷冻水进/出水温度 12℃/7℃，环境干球温度 35℃；
　　2. 名义制热量设计工况：热水进/出水温度 40℃/45℃，环境干球温度 7℃，湿球温度 6℃；
　　3. 全热回收设计工况：热水进/出水温度 40℃/45℃，冷冻水进/出水温度 12℃/7℃；
　　4. 表中参数摘自 McQuay 公司资料。

部分热回收系列风冷冷水/热泵机组参数表　　　　　　表 4-17

机型 MCS/MHSF-SP			050	060	070	080	100	120	135	150	170	185
名义制冷量		kW	164	198	232	270	347	407	439	507	603	631
名义制热量★		kW	172	208	243	284	365	428	461	532	633	663
部分热回收量		kW	41	49	58	68	87	102	110	127	151	158
能量调节范围			0,25～100%									
电源			三相 380V/50Hz									
工质	种类		R407c									
	控制		电子膨胀式									
压缩机	形式		半封闭单螺杆机									
	台数		1									
	型号	HSS	3118	3120	3121	3122	3220	3221	4221	4222	4223	4223
	制冷电机功率	kW	49	59	69	78	108	127	133	157	192	180
	制热电机功率★	kW	50	60	71	81	112	132	139	164	201	188
风侧换热器	类型		翅片换热器									
	翅片距		14 片/英寸									
	迎风面积	m²	9.57		12.07		16.09			20.12		24.14
风机	台数	n	4		6		8			10		12
	总风量	×10⁴ m³/h	8.8		13.2		17.6			22.0		26.4
	总功率	kW	8.0		12.0		16.0			20.0		24.0
水侧换热器	类型		壳管式换热器									
	制冷水流量	m³/h	28	34	40	46	60	70	76	87	104	109
	制热水流量★	m³/h	30	36	42	49	63	74	79	91	109	114
	水阻力	kPa	18	24	18	28	31	37	37	37	32	46
	接管直径	英寸	5							8		
热回收侧换热器	类型		板式换热器									
	数量	n	1									
	水流量	m³/h	7.1	8.5	10.0	11.6	14.9	17.5	18.9	21.8	25.9	27.1
	接管直径	英寸	2.0									

机型 MCS/MHSF-SP		050	060	070	080	100	120	135	150	170	185
制冷输入总功率	kW	57	67	81	90	124	143	149	177	212	204
制热输入总功率★	kW	58	68	83	93	128	148	155	184	221	212
外形尺寸	长 mm	2975			3200		4100			5000		5900
	宽 mm	2260										
	高 mm	2285				2360						
质量	运输 kg	2430	2440	2945	2970	4150	4415	4415	4920	4925	5495
	运行 kg	2580	2590	3095	3120	4300	4565	4565	5100	5105	5685

机型 MCS/MHSF-SP		200	220	235	260	285	310	330	350
名义制冷量	kW	695	755	811	917	965	1033	1122	1255
名义制热量★	kW	730	792	851	963	1013	1084	1178	1317
部分热回收量	kW	174	189	203	229	241	258	281	314
能量调节范围		0,12.5～100%							
电源		三相 380V/50Hz							
工质	种类	R407c							
	控制	电子膨胀式							
压缩机	型式	半封闭单螺杆机							
	台数	2							
	型号 HSS	3220+3220	3220+3221	3221+3221	4221+4221	4221+4222	4222+4222	4222+4223	4223+4223
	制冷电机功率 kW	216	235	253	270	295	326	356	386
	制热电机功率★ kW	226	246	265	284	309	342	373	406
风侧换热器	类型	翅片式换热器							
	翅片距	14 片/英寸							
	还风面积 m²	28.16	30.18	32.19	32.19	34.20	36.21	38.22	40.23
风机	台数 n	14	15	16	16	17	18	19	20
	总风量 ×10⁴ m³/h	30.8	33.0	35.2	35.2	37.4	39.6	41.8	44.0
	总功率 kW	28.0	30.0	32.0	32.0	34.0	36.0	38.0	40.0
水侧换热器	类型	壳管式换热器							
	制冷水流量 m³/h	120	130	139	158	166	178	193	216
	制热水流量★ m³/h	125	136	146	166	174	186	203	227
	水阻力 kPa	55	41	53	63	78	74	87	90
	接管直径 英寸	8							
热回收侧换热器	类型	板式换热器							
	数量 n	2							
	水流量 m³/h	29.9	32.4	34.9	39.4	41.5	44.4	48.3	53.9
	接管直径 英寸	2.0							
制冷输入总功率	kW	244	265	285	302	329	362	394	426

续表

机型 MCS/MHSF-SP		200	220	235	260	285	310	330	350
制热输入总功率★	kW	254	276	297	316	343	378	411	446
外形尺寸	长 mm	7300		8200		9100		10000	
	宽 mm	2260							
	高 mm	2360							
质量	运输 kg	7275	7885	8385	8430	8855	8895	9645	9710
	运行 kg	7465	8075	8375	8630	9055	9095	9845	9910

注：1. 名义制冷量设计工况：冷冻水进/出水温度 12℃/7℃，环境干球温度 35℃；

2. 名义制热量设计工况：热水进/出水温度 40℃/45℃，环境干球温度 7℃，湿球温度 6℃；

3. 部分热回收设计工况：热水进/出水温度 50℃/55℃，冷冻水进/出水温度 12℃/7℃，环境干球温度 35℃；

4. 标注★者为热泵型机组 MHSF 制热量参数，冷水机组 MCS 无制热功能。

5. 表中参数摘自 McQuay 公司资料。

4.6.4 低环境温度机组示例

作为"风冷北扩"的成果，空调设备生产商纷纷推出适应低环境温度的大气—空气热泵机组以及大气—水热泵机组。

如，属于大气—空气热泵机组范畴的多联式空调机，已有配备了双级压缩模式的室外机产品（见 4.4.2 节）。

适应低环境温度的大气—水热泵机组的外形如图 4-21 所示。该低温型大气—水热泵机组为模块式，机组中配备有准双级压缩—喷气增焓全封闭涡旋式压缩机。机组规格参数列于表 4-18，各环境温度下的制冷及制热能力变化列于表 4-19。

为重点考察该机组在低温环境下制热功能的适应性，摘录表 4-19 中相关参数，增补了低温环境下的制热能效比值，集中列于表 4-20。由表 4-20 可见，机组体现了"风冷北扩"的进展。应用于我国寒冷地区，在冬季为供暖及空调供应所需热水，在技术经济上都是令人满意的。以位

图 4-21 低环境温度大气—水热泵机组

于华北寒冷地区北部边缘的河北省承德市为例，该市供暖室外计算温度（历年不保证 5 天）及冬季空气调节室外计算温度（历年不保证 1 天）分别为—13.3℃及—15.7℃（摘自《民用建筑供暖通风与空气调节设计规范》GB 50736—2012）。若以其作为大气—水热泵机组的选型依据（关于大气—水热泵机组选型的环境温度参数如何选取，国内尚无规定），供应热水温度为 50℃，机组的制热量分别为 48.5kW 及 45.6kW，机组的制热能效比分别为 2.486 及 2.245。

MAC-XE 模块式低温型热泵机组规格表 表 4-18

机组型号			MAC230DRMLH/MA230DRSLH
名义制冷量		kW	66
名义制热量		kW	70
名义制冷输入总功率		kW	18.8
名义制热输入总功率		kW	19.5
电　源			三相 380V/50Hz
工　质			R22
节流部件			电子膨胀阀
压缩机	类　型		喷气增焓全封闭涡旋压缩机
	台　数		2
风机	类　型		轴流式低噪音风机
	高低档功率	kW	2.6/0.94
风侧换热器	类　型		翅片式换热器
水侧换热器	类　型		高效真空钎焊板式换热器
	名义制冷水流量	m^3/h	11.4
	名义制热水流量	m^3/h	12.0
机组水阻力	含水过滤器	kPa	31.0
	不含水过滤器	kPa	14.2
机组进出水接管口径		英寸	1/2
外形尺寸	宽×高×深	mm	1990×1840×840
质　量	净质量	kg	540
	运行质量	kg	555

注：1. 名义制冷量的测试工况为：水流量 0.172m^3/(h·kW)，出水温度 7℃，环境温度 35℃；
2. 名义制热量的测试工况为：水流量 0.172m^3/(h·kW)，出水温度 45℃，环境干/湿球温度 7℃/6℃；
3. 模块组合为 1～16 台，以上表格为单台机组参数；
4. 表中参数摘自 McQuay 公司资料。

MAC-XE 模块式低温型热泵机组能力变化 表 4-19

制冷能力变化																	
机型	出水温度(℃)	环境温度(℃)															
		48		45		40		35		30		25		20		15	
		冷量(kW)	功率(kW)	冷量(kW)	功率(kW)	冷量(kW)	功率(kW)	冷量(kW)	功率(kW)	冷量(kW)	功率(kW)	冷量(kW)	功率(kW)	冷量(kW)	功率(kW)	冷量(kW)	功率(kW)
MAC230DRMLH MAC230DRSLH	5	54.9	23.2	56.2	22.0	59.5	20.0	62.3	18.3	63.9	17.3	64.4	15.9	67.4	14.2	69.0	12.9
	7	56.7	23.3	58.3	22.3	62.4	20.2	66.0	18.8	68.1	17.1	70.6	15.7	70.6	14.5	72.1	13.1
	9	61.0	23.7	64.2	22.5	67.6	20.6	71.2	18.5	72.5	17.3	73.9	16.1	75.9	14.9	77.8	13.5
	12	66.7	24.0	69.1	22.8	72.9	21.3	75.7	19.5	78.9	17.8	78.7	17.1	81.2	15.3	82.4	13.9
	15	70.5	24.0	75.7	22.5	79.5	20.8	82.9	19.1	86.6	17.5	86.5	16.2	87.5	15.8	85.3	14.0

续表

制热能力变化

机型	出水温度(℃)	环境温度(℃)															
		−20		−15		−10		−5		0		7		10		15	
		热量(kW)	功率(kW)	热量(kW)	功率(kW)	热量(kW)	功率(kW)	热量(kW)	功率(kW)	热量(kW)	功率(kW)	热量(kW)	功率(kW)	热量(kW)	功率(kW)	热量(kW)	功率(kW)
MAC230DRMLH	35	41.9	15.7	49.0	15.8	53.7	15.8	60.2	15.9	68.7	16.1	73.4	16.2	79.5	16.3	81.9	14.9
	40	41.1	17.1	47.5	17.2	53.5	17.2	60.1	17.4	66.7	17.6	74.0	17.8	78.8	17.7	81.7	16.9
	45	40.9	18.4	46.5	18.7	53.5	18.7	59.8	19.0	66.6	19.4	70.0	19.5	78.4	19.7	81.6	18.3
MAC230DRSLH	50	40.1	20.4	46.3	20.3	53.4	20.4	58.7	20.7	66.6	21.1	69.1	21.5	77.0	21.5	81.4	20.3
	55	—	—	44.5	22.6	52.3	22.6	58.4	22.9	66.5	23.1	68.6	23.4	76.5	23.4	84.4	22.3

注：1. 以上表格参数以名义流量为基准；
2. 表中参数摘自 McQuay 公司资料。

MAC-CE 模块式低温型热泵机组低温制热参数　　　　　表 4-20

机型	出水温度(℃)	环境温度(℃)											
		−20			−15			−10			7		
		热量(kW)	功率(kW)	EER(kW/kW)	热量(kW)	功率(kW)	EER(kW/kW)	热量(kW)	功率(kW)	EER(kW/kW)	热量(kW)	功率(kW)	EER(kW/kW)
MAC230DRMLH MAC230DRSLH	40	41.1	17.1	2.404	49.0	17.2	2.849	53.5	17.2	3.110	74.0	17.8	4.157
	45	40.9	18.4	2.223	47.5	18.7	2.540	53.5	18.7	2.861	70.0	19.5	3.590
	50	40.1	20.4	1.966	46.5	20.3	2.291	52.4	20.4	2.569	69.1	21.5	3.371

由于在供暖期内，室外气温每天都在变化，而且大部分时间要高于作为选型依据的供暖室外计算温度及室外空气调节计算温度。为确实反映大气源热泵机组的能效水平，以供暖期平均气温作为依据来进行计算，应该更为合理。仍以承德市为例，其供暖期的平均气温为 −4.1℃，机组供应热水温度仍为 50℃，其制冷能效比可达 2.916。

第5章 水源热泵机组

水源热泵机组系以水为热源或热源媒介。作为热源的水，可以是地下水、地表水（江河湖海）、城市污水、城市污水处理厂的再生水、工业废水等，也可以是这些热源水经中间换热器供出的媒介水，以及来自冷却塔、地埋换热管、水下换热盘管及水环系统的循环媒介水。

水源热泵机组依据其负荷端的媒介的不同，可分为水—水热泵机组与水—空气热泵机组，见热泵机组分类表（表1-5）。

5.1 水—空气热泵机组

一般所谓的水冷单元式空调机、水源热泵空调机及水源多联式空调机等，均属于水—空气热泵机组的范畴。

5.1.1 水冷单元式空调机

水冷单元式空调机也称为水冷柜式空调机。水冷单元式空调机一般为单冷式。其热源（汇）水为流经冷却塔的循环水。水冷单元式空调机由压缩机、水媒冷凝器、节流机构及空气媒蒸发器组成。一般用于舒适性空调。在用于机房空调时，尚需相应增加电热、电加湿等设施。应用于舒适空调的水冷单元式空调机的典型示例，如图5-1所示，其主要性能参数见表5-1。

图 5-1 SAVE 水冷柜机

SAVE 水冷柜式空调机参数 表 5-1

型号	SAVE	048	065	075	090	110	132	148	160	172
电源	V/Hz					380/50				
制冷量	kW	48	65	75	93	110	132	148	160	172
压缩机形式						全封闭涡旋式				
压缩机输入功率	kW	9.6	6.2＋6.2	7.7＋7.7	9.5＋9.5	15.8＋8.0	16.8＋10.2	16.1＋13.2	16.1＋16.1	17.2＋17.2
风量	m³/h	7250	9425	10800	13750	16250	17400	20900	23000	25000
风机功率	kW	1.5	2.2	3.0	3.0	4.0	4.0	5.5	7.5	11.0
余压	Pa	150	180	180	180	250	250	250	300	300
蒸发器形式					内螺纹铜管＋折皱片状铝翅片					
冷凝器形式						壳管式				
冷凝器水流量	m³/h	167	222	271	325	390	452	479	542	580

续表

型号	SAVE	048	065	075	090	110	132	148	160	172
冷凝器水压降	kPa	10.43	18.20	14.90	28.60	29.80	33.00	51.10	48.30	43.20
$W \times D \times H$	mm	1704×684×1850	1884×854×2020			2424×984×2020			2542×984×2210	
重量	kg	503	779	873	808	1025	1060	1122	1214	1214

注：1. 制冷工况：室内温度 DB27℃/WB19℃，进/出水度温 30℃/35℃；
　　2. 本表摘自特灵空调样本。

5.1.2　水源热泵空调机

水源热泵空调机为专门应用于水环热泵系统的、分散布置在空调房间的热泵空调机组，也可以应用于各种地源热泵系统。

图 5-2　整体式水泵热泵空调机

图 5-3　分体式水泵热泵空调机

水源热泵空调机分为整体式与分体式两种。整体式机组其压缩机、水媒冷凝/蒸发器、四通换向阀、节流机构、空气媒蒸发/冷凝器及风机，组装成一体，设于空调房间内。整体式机组示例如图 5-2 所示，其性能参数列于表 5-2。分体式机组分离为热源机和室内机两部分。热源机由压缩机、水媒蒸发/冷凝器、四通换向阀组成。而室内机由节流机构、空气媒蒸发/冷凝器及风机组成。中间以工质管道和电控线路连接。室内机设于空调房间内，热源机则可设于非空调房间，以降低空调房间内的噪声。分体式水源热泵机组示例见图 5-3，其性能参数见表 5-3。

GEHB 整体式水源热泵空调机参数表　　　　　　　　表 5-2

型号	GEHB	009	012	015	018	024	030	036	042	048	060
制冷量	kW	3.1	3.6	5.2	6.2	7.2	9.0	11	13	15	18
制冷功率	kW	0.86	0.98	1.35	1.60	1.60	2.40	2.62	2.90	3.75	4.25
制热量	kW	3.8	4.5	6.0	6.8	8.7	11.5	12.6	15.5	19	20
制热功率	kW	0.93	1.10	1.45	1.60	1.61	2.41	2.80	3.20	3.95	4.60
电源	V/Hz	220/50				380/50					

型号	GEHB	009	012	015	018	024	030	036	042	048	060
风量	m³/h	630	730	980	1450	1600	2100	2100	2200	3100	3000
压缩机形式		全封闭转子式				全封闭涡旋式					
水媒冷凝/蒸发器		同轴套管式									
水量	m³/h	0.70	0.82	1.10	1.30	1.55	1.85	2.30	2.69	3.46	3.74
水压降	kPa	10	20	14	13	22	23	28	42	55	70
$W \times D \times H$	mm	1020×512×395			1168×586×446			1270×635×497		1475×840×548	
运行重量	kg	70	75	95	98	107	127	140	148	159	163

注：1. 制冷工况：室内温度 DB27℃/WB19℃，进/出水温度 30℃/35℃；
　　2. 制热工况：室内温度 DB20℃/WB15℃，进水温度 20℃；
　　3. 本表摘自特灵空调样本。

水源热泵空调机的压缩机，一般可视冷量大小使用全封闭转子式或全封闭涡旋式。由表 5-2 及表 5-3 可见，所使用的转子式压缩机，其制冷量不大于 16kW。而在冷量大于 16kW 时，则使用涡旋式。而水媒介冷凝/蒸发器，则一般均采用同轴套管式。

GESA/MWD 分体式水源热泵空调机参数表　　　　表 5-3

	热源机型号	GWSA	009	012	018	024	036	048	060
	室内机型号	MWD	509	512	518	524	536	548	560
	制冷量	kW	2.9	3.75	5.8	7.2	10.8	15.5	16.8
	制冷功率	kW	0.80	0.94	1.46	2.00	2.82	4.14	4.52
	制热量	kW	3.9	4.5	7.3	9.4	14.6	22	22.5
	制热功率	kW	0.95	0.96	1.68	2.44	3.48	4.82	5.35
热源机	电源	V/Hz	220/50					380/50	
	压缩机形式		全封闭转子式						全封闭涡旋式
	水媒冷凝/蒸发器		同轴套管式						
	水流量	m³/h	0.67	0.90	1.29	1.58	2.28	3.33	3.70
	水压降	kPa	15.0	24.0	13.0	22.1	30.0	33.0	71.2
	$W \times D \times H$	mm	456×456×420			656×606×480			656×606×550
	运行重量	kg	33	35	41	58	70	96	98
室内机	电源	V/Hz	220/50						
	风量	m³/h	650	890	1280	1450	2000	2900	2960
	余压	Pa	20	20	20	30	30	80	80
	$W \times D \times H$	mm	679×566×265	929×566×265	1064×566×265	1349×566×265	1130×715×315	1330×825×365	1330×825×365
	运行重量	kg	20	25	27	33	47	58	58

注：1. 制冷工况：室内温度 DB27℃/WB19℃，进/出水温度 30℃/35℃；
　　2. 制热工况：室内温度 DB20℃/WB15℃，进水温度 20℃；
　　3. 本表摘自特灵空调样本。

5.1.3 水源多联式空调机

水源多联式空调机由大气源多联式空调机演化而来，其原理图见图 5-4。与大气源多联式空调机组相同，也有两管制（标准型）与三管制（热回收型）两种。

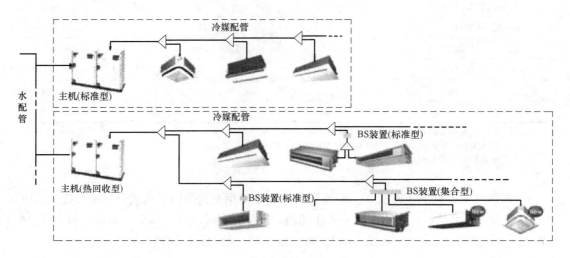

图 5-4 水源多联式空调机原理图

大气源多联式空调机的热源端，是以大气为热源的室外机。而水源多联式空调机热源端为以水为热源（或媒介）的热源机。热源机也称为主机。两管制机组其主机由压缩机、水媒蒸发/冷凝器、四通换向阀及节流机构组成；室内机由空气媒蒸发/冷凝器及风机组成；连接二者的工质管道为液管与气管（高压供气与低压回气合用）两根。三管制机组其主机无须配置四通换向阀及节流机构，室内机由空气媒蒸发/冷凝器、工况转换及节流装置组成；而连接二者的工质管道为液管、高压气管及低压气管三根。

主机属模块式，每台主机由 1～3 台模块组成（见图 5-5），通过工质管道连接各室内机。主机使用涡旋式压缩机，热交换器（冷凝/蒸发器）则采用不锈钢板式。主机主要参数列于表 5-4 中。

水源多联式空调机的热源机（主机）设于机房内，机房内温度在 0～40℃ 范围内。在水源系统中需装设冷却塔时，应使用闭式或开式冷却塔配热交换器。为节省机房面积，主机可重叠设置，如图 5-6 所示。

<table>
<tr><td colspan="7" align="center">**水源多联式空调机主机参数表**</td><td align="right">表 5-4</td></tr>
</table>

型号		RWEYQ10PY1	RWEYQ20PY1	RWEYQ30PY1
	独立机组	—	RWEYQ10PY1	RWEYQ10PY1
			RWEYQ10PY1	RWEYQ10PY1
			—	RWEYQ10PY1
电源		3 相, 380～415V, 50Hz		
额定制冷容量	kcal/h(*1)	23,200	46,400	69,700
	Btu/h(*2)	92,100	184,000	276,000
	kW (*1)	27.0	54.0	81.0
	kW (*2)	26.7	53.4	80.1

型号	独立机组		RWEYQ10PY1	RWEYQ20PY1	RWEYQ30PY1
			—	RWEYQ10PY1	RWEYQ10PY1
			—	RWEYQ10PY1	RWEYQ10PY1
			—	—	RWEYQ10PY1
额定制热容量		kcal/h	27,100	54,200	81,300
		Btu/h	107,000	215,000	322,000
		kW	31.5	63.0	94.5
额定耗电量	制冷(＊2)	kW	6.03	12.1	18.1
	制热		6.05	12.1	18.2
机壳颜色			白色(5Y7.5/1)		
尺寸(H×W×D)		mm	1000×780×550	(1000×780×550)×2	(1000×780×550)×3
热交换器			不锈钢板		
压缩机	形式		全封闭涡旋式		
	马达输出×机组数量	kW	4.2	4.2×2	4.2×3
	启动方式		软启动		
冷媒配管	液管	mm	Φ9.5 C1220T (扩口)	Φ15.9 C1220T (扩口)	Φ19.1 C1220T (扩口)
	吸气管★1		Φ22.2 C1220T (焊接)	Φ28.6 C1220T (焊接)	Φ34.9 C1220T (焊接)★4
	高低压气管		Φ19.1 C1220T★2 Φ22.2 C1220T★3(焊接)	Φ22.2 C1220T★2, Φ28.6 C1220T★3(焊接)	Φ28.6 C1220T★2, Φ34.9 C1220T★3(焊接)
水配管	进水管	mm	PT1 1/4B 内螺纹	(PT1 1/4B)×2 内螺纹	(PT1 1/4B)×3 内螺纹
	出水管	mm	PT1 1/4B 内螺纹	(PT1 1/4B)×2 内螺纹	(PT1 1/4B)×3 内螺纹
冷凝水排水管		mm	PS1/2B 内螺纹	(PS1/2B)×2 内螺纹	(PS1/2B)×3 内螺纹
机重(运转重量)		kg	150(152)	150+150 (152+152)	150+150+150 (152+152+152)
运转音		dB(A)	51	54	56
运转范围(进水温度)		℃	10～45		
安全器件			高压开关,变频过载保护器,易熔塞		
能力控制		%	23～100	11～100	8～100
冷媒	冷媒名称		R-410A		
	填充量	kg	4.2	4.2+4.2	4.2+4.2+4.2
	控制方式		电子膨胀阀		

注：1. 规格数据基于条件：·制冷：(＊1) 室内温度 27℃DB，19.5℃WB，进水温度 30℃
    (＊2) 室内温度 27℃DB，19.0℃WB，进水温度 30℃
   ·制热：(＊3) 室内温度 20℃DB，进水温度 20℃
2. ★1 为热泵系统的情况下，无需使用吸气管。★2 为热回收系统的情况下。★3 为热泵系统的情况下。
   ★4 也可使用 Φ31.8mm 配管。
3. 本组件不得安装于室外，请安装于室内（机房等场所）。
4. 机房环境温度：0～40℃。
5. 只限与闭式冷却塔相连。

水源多联式空调机的负荷端——室内机，与大气源多联式空调机基本相同。选用时可查阅厂家样本资料。

图 5-5　主机组合形式

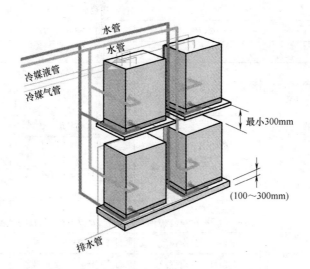

图 5-6　水源多联式空调机主机安装示意图

5.2　水—水热泵机组

水—水热泵机组的热源端以水为热源或热源媒介，负荷端则为空调系统供应冷热水，其原理见表 1-5。

水—水热泵广泛应用于地源及各种废水源热泵系统。单冷式水—水热泵，在以冷却塔的循环水作为热源（汇）时，通常称为水冷冷水机组，是集中式空调系统常用的冷源。

水—水热泵若配置副冷凝器或冷凝器中配置双盘管时，可在为空调提供冷水的同时，提供生活热水。

水—水热泵所使用的压缩机，小型者为涡旋式，中型者为螺杆式，而大型者则多为离心式。对于单冷式水—水热泵机组，即水冷冷水机组，其压缩机类型的选择可参照《民用建筑供暖通风与空气调节设计规范》GB 50736—2012 的选型范围条款（表 5-5），经性能价格综合比较后确定。

水冷冷水机组选型范围　表 5-5

单机名义工况制冷量(kW)	冷水机组类型
≤116	涡旋式
116~1054	螺杆式
1054~1758	螺杆式、离心式
≥1758	离心式

配备不同压缩机的水冷冷水机组，其适用的制冷量范围及 COP_c 值各不相同。综合考虑上述两个因素，于表5-5中给出了适宜的选型范围。

　　对于冷热双功能水—水热泵机组，或单热式水—水热泵机组，由于其产品系列，尤其是大容量的热泵机组，尚待完善之中，其选型范围除参照表5-5的规定之外，尚应综合考虑热泵机组产品的实际情况。

　　水—水热泵的冷热工况转换，可依靠机组的四通换向阀实施（见表1-5）。配带四通换向阀的水—水热泵机组，由压缩机、热源端水媒冷凝/蒸发器、节流机构、四通换向阀及负荷端水媒冷凝/蒸发器组成。在未配置四通换向阀时，机组由压缩机、冷凝器、节流机构及蒸发器组成。其冷热工况转换，需依靠外部热源水及负荷水管道上阀门的开闭来实施（见表1-5）。

　　与大气—水热泵机组相同，按照不同结构，水—水热泵机组亦可分为整体式与模块式两类，其各自的优劣，亦如前述。

5.2.1 整体式水—水热泵机组示例

　　整体式水—水热泵机组多使用管壳式冷凝器及蒸发器。冷凝器及蒸发器的壳体在下，压缩机骑坐于壳体上，压缩机多使用螺杆式与离心式。与模块式相比，整体式水—水热泵机组应用较多。图5-7所示为螺杆式水—水热泵机组，其性能参数列于表5-6。

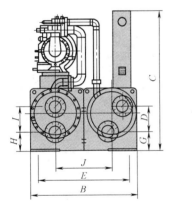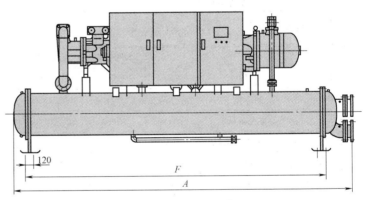

规格型号	尺寸(mm)										接管尺寸	
	A	B	C	D	E	F	G	H	I	J	冷水（热源水）	冷却水（温水）
RHSCW205(H)J	4655	1410	1830	140	1210	4170	375	255	330	755	DN150	DN150
RHSCW235(H)J	4660	1510	1930	160	1310	4170	375	260	340	805	DN150	DN150
RHSCW275(H)J	4660	1510	1930	160	1310	4170	375	290	335	805	DN150	DN150
RHSCW310(H)J	4800	1560	1930	165	1360	4170	395	255	400	830	DN200	DN200
RHSCW330(H)J	4740	1610	1980	140	1410	4170	420	255	400	855	DN200	DN200
RHSCW350(H)J	4740	1610	1980	140	1410	4170	420	255	400	855	DN200	DN200

RHSCW205（H）J-RHSCW350（H）J

图5-7　螺杆式水—水热泵机组外观

RHSCW-(H) J 系列热泵机组参数表　　　　　表 5-6

型号			RHSW 205HJ	RHSCW 235HJ	RHSW 275HJ	RHSCW 310HJ	RHSCW 330HJ
工况转换方式			冷凝器蒸发器水管路阀门				
冷热水机组	制热工况	制热量 kW	784	902	1053	1189	1268
		输入功率 kW	161.0	183.8	217.4	243.6	257.6
		冷凝器 热水进出水温度 ℃	40-45				
		热水流量 m³/h	122.6	141.0	164.7	186.0	198.3
		水压降 kPa	87	86	87	86	88
		蒸发器 热源水进出水温度 ℃	15-7				
		热源水流量 m³/h	67.0	77.2	89.8	101.7	108.7
		水压降 kPa	68	66	66	68	68
	制冷工况	制冷量 kW	756	872	1015	1149	1228
		输入功率 kW	123.2	140.7	166.4	186.4	197.1
		蒸发器 冷水进出水温度 ℃	12-7				
		冷水流量 m³/h	130.1	150.1	174.6	197.6	211.2
		水压降 kPa	68	66	66	68	68
		冷凝器 热汇水进出水温度 ℃	18-29				
		热汇水流量 m³/h	68.8	79.2	92.4	104.4	111.4
		水压降 kPa	87	86	87	86	88

型号			RHSCW 205J	RHSCW 235J	RHSCW 275J	RHSCW 310J	RHSCW 330J
冷水机组	制冷工况	制冷量 kW	741	848	1000	1126	1201
		输入功率 kW	129.4	149.4	173.6	196.6	209.4
		蒸发器 冷水进出水温度 ℃	12-7				
		冷水流量 m³/h	127.4	145.8	172.0	193.7	206.5
		水压降 kPa	68	66	66	68	68
		冷凝器 冷却水进出水温度 ℃	30-35				
		冷却水流量 m³/h	149.6	171.5	201.9	227.5	242.5
		水压降 kPa	87	86	87	86	88
冷凝、蒸发器	形式		壳管式（降膜式蒸发器）				
	接管口径 mm		150	150	150	200	200
电源			3Φ-380V-50Hz				
压缩机形式			半封闭螺杆式 2 台				
R134a 充填量 kg			240	240	240	280	280
机组重量 kg			5780	6280	7100	7600	8380
运转重量 kg			6160	6680	7500	8100	8910
外形尺寸	长 mm		4655	4660	4660	4800	4740
	宽 mm		1410	1510	1510	1560	1610
	高 mm		1830	1930	1930	1930	1980

注：本表参数摘自烟台荏原空调样本。

图 5-8 所示为离心式水冷冷水机组。与其他形式的压缩机相比，离心压缩机有着最大的容量和最高的 COP 值。离心式压缩机有单级压缩、双级压缩和三级压缩。三级压缩离心式水冷冷水机组，工质经三级压缩及两级节能器。相比较而言，有着更高的 COP 值和较宽的输出能力调节范围。三级压缩离心式水冷冷水机组典型示例的性能参数摘录于表 5-7。

图 5-8　离心式冷水机组外观

5.2.2　模块式水—水热泵机组示例

模块式水—水热泵机组多使用板式或套管式冷凝/蒸发器。其外观呈箱形，以便于多台组合。压缩机则视冷（热）量大小，采用全封闭涡旋式或半封闭螺杆式。箱内构造见图 5-9。

三级压缩水冷离心式冷水机组参数表　　　　　　　表 5-7

型号		CVHG											
压缩机(半封闭)型号		565	565	565	780	780	780	780	780	780	1067	1067	1067	1067
电机功率(kW)		379	379	433	489	548	548	548	621	621	716	716	799	892
叶轮型号		288	288	302	287	293	293	293	298	298	290	290	297	310
蒸发器换热管/筒体型号		1080S	1080S	1080S	1080S	1080S	1080S	1080S	1142L	1142L	1142L	1142L	1142L	1210L
蒸发器管束型号		630	800	800	710	800	800	800	980	1220	1080	1220	1470	1760
冷凝器换热管/筒体型号		1080S	1080L	1080L	1080L	1080L	1080S	1080S	1142L	1142L	1142L	1142L	1142L	1210L
冷凝器管束型号		710	800	800	800	710	800	800	890	980	1220	1220	1220	1610
制冷量	Tons	550	600	65	700	750	800	850	900	950	1000	1100	1200	1300
输入功率	kW	340	356	401	425	458	490	506	541	564	583	654	719	802
效率	kW/Tons	0.618	0.594	0.616	0.608	0.611	0.613	0.595	0.601	0.954	0.583	0.595	0.599	0.617
R123 充注量	kg	454	499	499	476	499	522	499	839	839	839	839	907	998
蒸发器流量	m³/h	332	362	392	422	452	482	512	543	573	603	663	723	784
蒸发器压降	kPa	60	45	52	75	68	63	100	83	61	81	80	71	56
蒸发器接管	mm				250						300			350
冷凝器流量	m³/h	396	429	467	501	538	574	608	643	679	713	787	860	935
冷凝器压降	kPa	41	50	59	67	96	87	98	85	76	56	67	80	63
冷凝器接管	mm				250						300			350
运行电流	A	573	600	676	721	770	822	847	909	947	961	1075	1176	1318
启动电流	A	974	974	1080	1429	1507	1507	1507	1840	1840	2049	2049	2266	2719
运输重量	kg	10215	10887	10910	11103	11073	11232	11492	14950	15273	15855	15953	16115	19245
运行重量	kg	11472	12414	12438	12573	12547	12816	13066	17282	17790	18466	18624	18954	22632
长	mm	4073	5045	5045	5221	5221	5221	5221	5287	5287	5287	5287	5287	5307

续表

型号		CVHG											
压缩机(半封闭)型号		565	565	565	780	780	780	780	780	780	1067	1067	1067	1067
宽	mm	2435	2090	2090	2435	2435	2435	2435	2980	2980	2980	2980	2980	3214
高	mm	3076	2741	2741	3044	3044	3044	3044	3217	3217	3217	3217	3217	3514

注：1. 制冷工况：冷水进/出水温度 12℃/7℃，冷却水进/出水温度 32℃/37℃；
　　2. 本表摘自特灵空调样本。

图 5-10 为模块式机组的组合示例。各种型号的模块其主要技术参数见表 5-8。由参数表可见，共有 6 种型号规格的模块，每台机组可组合 1～15 个模块。

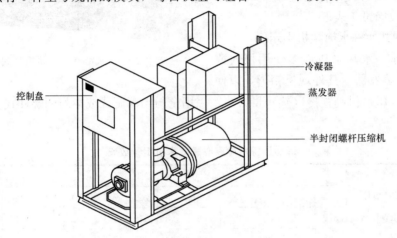

图 5-9　模块式水—水热泵机组内部构造

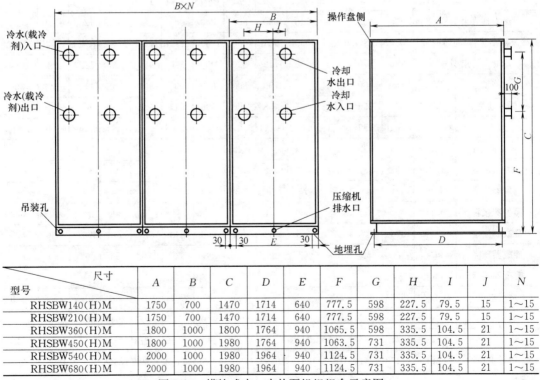

尺寸 型号	A	B	C	D	E	F	G	H	I	J	N
RHSBW140(H)M	1750	700	1470	1714	640	777.5	598	227.5	79.5	15	1～15
RHSBW210(H)M	1750	700	1470	1714	640	777.5	598	227.5	79.5	15	1～15
RHSBW360(H)M	1800	1000	1800	1764	940	1065.5	598	335.5	104.5	21	1～15
RHSBW450(H)M	1800	1000	1980	1764	940	1063.5	731	335.5	104.5	21	1～15
RHSBW540(H)M	2000	1000	1980	1964	940	1124.5	731	335.5	104.5	21	1～15
RHSBW680(H)M	2000	1000	1980	1964	940	1124.5	731	335.5	104.5	21	1～15

图 5-10　模块式水—水热泵机组组合示意图

RHSBW 模块式冷水（热水）机组参数表

表 5-8

型 号					RHSBW 140HM	RHSBW 210HM	RHSBW 360HM	RHSBW 450HM	RHSBW 540HM	RHSBW 680HM
工况转换方式					四通换向阀					
冷热水机组	制热工况		制热量	kW	157	230	393	471	596	728
			输入功率	kW	39.3	56.1	96.9	114.5	144.3	177.1
		冷凝器	热水进出水温度	℃	40-45					
			热水流量	m³/h	24.2	37.8	63.0	77.4	95.5	116.4
			水压降	kPa	33	43	46	55	80	36
		蒸发器	热源水进出口温度	℃	15-7					
			热源水流量	m³/h	12.0	18.6	31.0	38.0	46.8	57.0
			水压降	kPa	11	13	14	17	18	23
	制冷工况		制冷量	kW	140	219	366	450	555	677
			输入功率	kW	27	38.9	66.5	80.4	97.3	118.5
		蒸发器	冷水进出口温度	℃	12-7					
			冷水流量	m³/h	24.2	37.8	63.0	77.4	95.5	116.4
			水压降	kPa	37	44	49	61	65	80
		冷凝器	热汇水进出口温度	℃	15-27					
			热汇水流量	m³/h	12.0	18.6	31.0	38.0	46.8	57.0
			水压降	kPa	10	11	13	15	22	10

型 号					RHSBW 140M	RHSBW 210M	RHSBW 360M	RHSBW 450M	RHSBW 540M	RHSBW 680M
冷水机组	制冷工况		制冷量	kW	145	218	371	458	565	695
			输入功率	kW	32.6	46.7	80.9	95.3	119.8	147.6
		蒸发器	冷水进出口温度	℃	12-7					
			冷水流量	m³/h	25.0	37.4	63.8	78.8	97.2	118.7
			水压降	kPa	39	46	47	67	68	80
		冷凝器	冷却水进出口温度	℃	30-35					
			冷却水流量	m³/h	30.6	45.5	77.7	95.1	117.8	143.8
			水压降	kPa	50	60	67	82	92	54

冷凝、蒸发器	形 式		不锈钢钎焊板式				
	接管口径	mm	DN70		DN100		DN125
电 源			3Φ-380V-50Hz				
压缩机形式			半封闭螺杆式				
R22 充填量	kg		18	25	36	50	60	70
机组重量	kg		805	1050	1840	2120	2350	2480
运转重量	kg		1060	1150	2020	2330	2580	2720

续表

压缩机形式			半封闭螺杆式			
外形尺寸	长	mm	1750	1800		2000
	宽	mm	700	1000		1000
	高	mm	1470	1800	1980	1980

注：1. 本表为单个模块的参数，应用于可组合模块数为≤15个；
2. 本表摘自烟台荏原空调样本。

图 5-11 全热回收冷水机组外形

5.2.3 热回收式水冷冷水机组

全热回收式水冷冷水机组外形及尺寸如图 5-11。机组采用半封闭螺杆式压缩机，工质为 HFC-134a。蒸发器及冷凝器均为管壳式。冷凝器为双盘管并联，其中的冷却用盘管与冷却塔及冷却水循环泵相连，热回收盘管与生活热水系统相连。在热回收工况时，生活热水在热回收盘管内被加热，然后供至生活热水系统。按表 5-9 所列，生活热水温度为 58℃/63℃。此时，冷却水系统停止运行。在非热回收工况时，生活热水停止运行，冷凝热通过冷却用盘管传至冷却水系统并散至大气。

按表 5-9 所列，冷却盘管进/出口水温为 30℃/35℃。按照空调的要求，在热回收工况与非热

全热回收式水冷冷水机组参数　　　　　　　　　　　表 5-9

型　号			30XW					
			0502	0702	0902	1052	1262	1402
单制冷工况								
制冷量		kW	499	700	849	1040	1207	1392
输入功率		kW	100	140	170	204	240	278
蒸发器	空调冷水流量	m³/h	86	120	146	178	207	239
	空调冷水压降	kPa	68	60	83	112	77	89
冷凝器	冷却水流量	m³/h	102	143	174	212	247	285
	冷却水压降	kPa	88	101	85	53	65	85
热回收工况								
制冷量		kW	314	438	626	664	768	883
热回收量		kW	466	653	909	975	1130	1303
输入功率		kW	152	215	283	311	362	420
蒸发器	空调冷水流量	m³/h	86	120	146	178	207	239
	空调冷水压降	kPa	68	60	83	112	77	89
冷凝器	热回收水流量	m³/h	82	114	159	170	197	228
	热回收水压降	kPa	55	67	50	29	36	46
压缩机			螺杆式					

型　号		30XW					
		0502	0702	0902	1052	1262	1402
回路 A	n	1	1	1	1	1	1
回路 B	n	—	—	—	1	1	1
最小冷（热）量	%	30	15	15	15	8	8
HFC-134a 充注量							
回路 A	kg	135	150	150	90	140	140
回路 B	kg	—	—	—	90	130	130
换热器接口							
蒸发器口径	DN	125	150	150	150	200	200
冷凝器　冷却水口径	DN	100	100	150	150	150	150
冷凝器　热回收口径	DN	100	100	150	150	150	150
外形尺寸							
长	mm	3363	3454	3272	4888	4891	4891
宽	mm	1085	1119	1258	1338	1338	1338
高	mm	1791	1969	2094	2187	2358	2358

注：1. 制冷工况：蒸发器进/出水温 12℃/7℃，冷凝器进/出水温 30℃/35℃；
　　2. 热回收工况：蒸发器进/出口水温 12℃/7℃，冷凝器进/出水温 58℃/63℃；
　　3. 表内参数摘自 Carrier 公司资料；
　　4. 热回收工况时制冷量为热回收量与输入功率之差，表中数值由摘录者填加。

回收工况下，蒸发器进出口水温均保持在 12℃/7℃。

机组的性能参数列于表 5-9。以表 5-9 中的 30XW1402 型号的机组为例：单制冷工况时，制冷量为 1392kW，输入功率为 278kW，制冷系数 COP_c＝1392kW/278kW＝5.007；在热回收工况时，制冷量为 883kW，热回收量为 1303kW，输入功率为 420kW，综合性能系数 $COP_{H.c}$＝（883kW＋1303kW）/420kW＝5.205。相比较，热回收工况较单制冷工况时性能系数高出约 4%。之所以节能效果不够理想，应该是生活热水温度（58℃/63℃）偏高所致。由本书第 2.7 节所述可见，全热回收与部分热回收相比，可供生活热水温度较低。若提高所供热水温度，会导致冷凝温度的提高，性能系数势必降低。若所供生活热水温度低于 58℃/63℃，比如 40℃/50℃ 或 50℃/55℃，机组热回收工况性能系数会有较大提升。

部分热回收式水冷冷水机组外形示于图 5-12，机组采用半封闭螺杆式压缩机，工质为 R-22。主冷凝器与副冷凝器（热回收器）分设，串联于工质环路中。压缩机排气先流经副冷凝器（热回收器），对生活热水进行加热，以回收部分冷凝热，热回收器的热水进/出口水温设定为 40℃/45℃。然后工质进入主冷凝器，通过冷却塔的冷却水将余下的冷凝热散入大气。

机组的性能参数列于表 5-10。以表 5-10 中型号为 AWWS-2400HR 的机组为例：制冷量为 820kW，回收热量 276kW，输入功率 178kW，综合性能系数 $COP_{H.c}$＝（820kW＋276kW）/178kW＝6.157。相对应的单制冷机组（同一公司产品，型号为 AWWS-

2400H）：制冷量为861kW，输入功率为181.4kW，制冷系数COP_c=861kW/181.4kW=4.746。相比较，热回收机组的性能系数要高于单冷机组性能系数的29.7%。

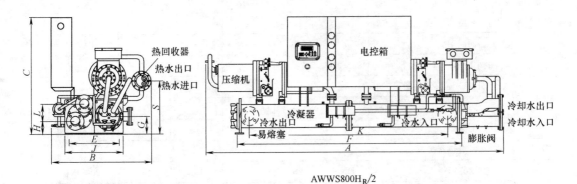

AWWS800H$_R$/2

AWWS1000H$_R$/2，1200H$_R$/2，1400H$_R$/2

机组型号	尺寸(mm)												接管形式和尺寸	
	A	B	C	F	K	H	L	G	E	N	J	S	冷凝器	冷凝器
AWWS800HR/2	3540	1200	1400	2650	2512	155	260	200	650	—	700	630	DN80	DN100
AWWS1000HR/2	3450	1100	1500	2450	2254	130	260	590	650	480	750	800	DN80	DN100
AWWS1200HR/2	3480	1100	1610	2780	2617	130	260	590	650	480	750	800	DN80	DN100
AWWS1400HR/2	3480	1100	1610	2780	2617	130	260	590	650	480	750	800	DN80	DN100

图 5-12　部分热回收式冷水机组外形尺寸

部分热回收式水冷冷水机组参数　　　　表 5-10

机型 AWWS			300HR	400HR	500HR	600HR	800HR	1000HR	1200HR	1500HR	1750HR	2000HR	2250HR	2400HR
电源			3Φ-380V-50Hz											
制冷量		kW	100	138	174	210	282	358	422	506	595	690	744	820
热回收量		kW	35	50	64	72	90	118	143	175	208	232	261	276
消耗电力		kW	24	30	37	44	61	78	90	107	127	145	168	178
能量调节		%	100,75,50,25,0											
压缩机	形式		半封闭螺杆式											
	数量		1											
	起动方式		Y-△											
	油加热器	W	150											

机型 AWWS			300HR	400HR	500HR	600HR	800HR	1000HR	1200HR	1500HR	1750HR	2000HR	2250HR	2400HR
冷冻油	种类		SUNISO 4GS											
	填充量	L	7	9	11	11	13	13	13	13	19	23	23	23
制冷剂	种类		R-22											
	填充量	kg	16	20	25	30	40	50	60	75	90	100	125	125
	控制方式		感温式外部均压膨胀阀											
蒸发器	形式		U 型						壳管式					
	冷水流量	m³/h	18.1	23.5	29.5	35.8	48.0	60.8	71.8	86.4	101.7	118.5	131.9	140.0
	水头损失	m	4.5	4.5	4.8	5.0	5.2	6.0	6.3	6.3	6.6	7.0	8.0	8.0
	水管接口		DN65	DN80	DN80	DN80	DN100			DN125		DN150		
冷凝器	形式		壳管式											
	冷却水流量	m³/h	22.5	28.6	35.8	43.3	58.4	74.0	87.1	104.7	123.4	143.4	160.5	170.4
	水头损失	m	5.0	5.0	5.0	5.8	6.0	6.3	6.3	6.3	6.3	6.3	6.3	6.3
	水管接口		DN65	DN80	DN80	DN80	DN100			DN125				
热回收器	形式		壳管式											
	热水流量	m³/h	6.1	8.6	11.0	12.3	15.4	20.2	24.5	30.0	35.7	39.8	44.7	47.3
	水头损失	m	3.0	4.0	4.0	4.0	4.0	4.5	4.5	4.0	4.5	5.0	5.0	5.0
	水管接口		PT½″	PT½″	PT½″	PT½″	PT½″	DN80	DN80	DN100	DN100	DN100	DN100	DN100
机组重量		kg	850	1080	1280	1300	1620	2020	2300	3300	3500	3560	3950	4095
运转重量		kg	900	1180	1430	1420	1770	2200	2420	3450	3750	3850	4350	4450
运转噪音		dB	76	76	76	77	81	81	82	84	85	85	86	86

注: 1. 蒸发器进/出口水温 12℃/7℃;

2. 冷凝器进/出口水温 30℃/35℃;

3. 热回收器进/出口水温 40℃/45℃;

4. 表中参数摘自艾美柯国际（亚洲）有限公司。

第6章　直接式地埋管地源热泵机组

6.1　概述

直接式地埋管地源热泵机组，也称为直膨式地埋管地源热泵系统。

以地壳的岩土层作为热源的地埋管地源热泵，根据其地埋管内流动介质的不同，可以分为两类。

第一类，是在地埋换热管中通以作为媒介的水或掺以防冻剂的水溶液。系统使用水源（媒）热泵机组，地埋换热管以水管道与机组热源端的冷凝/蒸发器相连。水或掺有防冻剂的水溶液在循环水泵的驱动下沿机组热源端的水媒冷凝/蒸发器与地埋换热管组成的环路循环流动。供冷时，通过地埋换热管向岩土层中排热；供热时，通过地埋换热管由岩土层吸热。这种水源（媒）热泵机组的应用，称为地埋换热管热泵系统，简称为地埋管热泵系统。关于这种系统的叙述见本书第8.3.1节。

第二类，是在地埋换热管中直接通以热泵工质。地埋换热管与压缩机、节流装置、四通换向阀及负荷端冷凝/蒸发器以工质管道相连，组成热泵机组。在供冷时，高压气态工质进入地埋换热管中，冷凝并向岩土层释热；在供热时，低压液态工质进入地埋换热管中，蒸发并由岩土层中吸热。在这里，地埋换热管已成为热泵机组的组成部分——热源端冷凝/蒸发器。因此，就其整体而言，比照大气源热泵机组——以大气为热源，其热源端为空气媒冷凝/蒸发器，以及水源热泵机组——以水为热源或热源媒介，其热源端为水媒冷凝/蒸发器，应该称其为地埋管地源热泵机组。同时，为与通过水或掺有防冻剂的水溶液做中间媒介间接换热的地埋管地源热泵有所区别，其完整的称谓应为直接式地埋管地源热泵机组，并列于热泵机组分类表（表1-5）。

6.2　直接式地埋管地源热泵机组的发展现状

直接式地埋管地源热泵与大气源或水源热泵相比，有着和间接式地埋管地源热泵同样的优缺点，如本书第9.1节所述。但与间接式地埋管地源热泵相比，直接式地埋管地源热泵有如下优点：其一，由于使用铜管，导热系数远高于塑料管，管内工质与岩土的温差大于间接式地埋管地源热泵媒介水与岩土的温差，总体换热有优势；其二，无媒介水的供回系统，无水媒冷凝/蒸发器、无循环水泵，系统简化，且节省了水泵能耗。其主要缺点是，埋地铜管可能发生的腐蚀和工质泄漏。

在国际上，直接式地埋管地源热泵机组的理论研究及实际应用，与间接式的地埋管地源热泵相比，在总体上有着较大的差距。在国内则几乎是空白的。王晓涛教授的论文，开了国内直接式地埋管地源热泵机组研究报道的先河。本节内容也多取材于该篇论文。

欧美一些国家，针对直接式地埋管地源热泵在供冷工况下的启动、回油，以及地埋铜管的配置、防腐等，进行了颇有成果的研究。美国空调制冷学会于1999年颁布了第1版直接式地埋管地源热泵机组的标准。随后，经过修订，于 2001 年颁布了新版标准《Standard for directgco-exchange heat pumps》（ARI standard 870-2001）。在美国及奥地利一些公司已实现了热泵机组主机及埋地铜管冷凝/蒸发器的商品化生产。实际应用上，因为看重其优势，直接式地埋管地源热泵在日本和奥地利两个国家占据主流，早期在奥地利的应用比例甚至达到 60%。

6.3　直接式地埋管地源热泵机组的构成

由表 1-5 可见，直接式地埋管地源热泵机组所特有的分体形态——热源端的冷凝/蒸发器与机组相分离，埋于地下。即直接式地埋管地源热泵机组，由埋于地下的地埋管冷凝/蒸发器与主机组成。依据其主机负荷端的媒介的不同，可分为地—水热泵机组与地—空气热泵机组。两种机组的原理简图见表 1-5。

6.3.1　地—水热泵机组

地—水热泵机组由作为热源端的地埋管冷凝/蒸发器与主机两部分组成。主机与埋于地下的地埋管冷凝/蒸发器以工质管道相连。主机设于机房内，由压缩机、节流装置、四通换向阀及负荷端水媒冷凝/蒸发器所组成。负荷端水媒冷凝/蒸发器与空调水系统连接，根据需要向空调末端（空气处理机、风机盘管等）供应冷水或者热水。

6.3.2　地—空气热泵机组

地—空气热泵机组，亦由作为热源端的地埋管冷凝/蒸发器与主机两部分组成。主机与埋于地下的地埋管冷凝/蒸发器以工质管道相连。主机设于机房或直接设于空调房间，由压缩机、节流装置、四通换向阀、负荷端空气媒冷凝/蒸发器及风机组成，根据需要向空调房间输送冷风或者热风。

在使用地—空气热泵机组为两个或以上房间服务时，可在同一组地埋管冷凝/蒸发器上并联两个或以上的主机。仿照水源多联式空调机或大气源多联式空调机，设计出直接式地源多联式空调机。把水源多联式空调机或大气源多联式空调机主机（或室外机）中热源端的水媒冷凝/蒸发器或空气媒冷凝/蒸发器，改换成地埋管冷凝/蒸发器，并埋于地下。而室内机的系列则可原样延用。

第 7 章　热泵的输出调节及功能转换

7.1　热泵的冷热量输出调节

　　热泵的冷热量输出调节，也称热泵的容量调节。热泵的额定冷热量输出，是按照设计条件下的热源工况及空调冷热负荷确定的。然而，设计条件的出现几率十分有限，且其负荷在季节中的每一天、在一天中的每个时辰，都是不断在变化着的。因此，热泵具备良好的输出调节性能是十分重要的。当空调的冷热负荷增长时，热泵应增加其输出，以满足空调的需求；而当空调的冷热负荷减少时，热泵的输出亦应随之减少，以杜绝电能的浪费。在热泵的能效指标中，就专门设有一项综合部分负荷性能系数（IPLV），用以衡量非满负荷运行时的能效状况。在设有多台热泵实施群控的场合，亦应该是不变输出与可变输出的机组搭配，以在台数增减的基础上满足较为精细的输出调节。

　　热泵的冷热量输出调节，最原始的是间歇启停的方式。由于此种方式对电网会有干扰且在节省电能方面表现欠佳，近年来已逐步为热泵的变工质流量的方式所取代。

　　在同样的负荷端与热源端的条件下，热泵的冷热量输出取决于工质的质量流量。因此，若改变热泵的冷热量输出，须先改变工质的质量流量。这就是所谓的变工质流量的概念 VWFV（Variable working Fluid Volume）。这一概念最早于 1982 年由日本大金公司应用在多联机中，名曰变制冷剂流量 VRV（Variable Refrigerant Volume）。改变热泵的工质质量流量，可通过下述两种方式实现：一是改变驱动热泵的电动机的转速，二是在压缩机内部设卸载、节流、旁通等调节装置。上述两种方法均可依据空调冷热负荷的变化，自动增减其冷热量的输出，达到节省电能的目的。此外，尚可做到热泵电动机的软启动，以避免启动电流过大对电网造成干扰。

7.1.1　改变电动机转速的调节方式

　　改变电动机转速的热泵输出调节方式，可以自动地依据空调的需求进行调节，近年来应用广泛。

　　热泵的电源为国家电网所供工频（50Hz）三相交流电源，其电动机多使用三相交流感应式。电源电压一般为 380V。近年来大功率热泵电机使用高压电源（如 6kV 或 10kV）者也在逐渐增多。

　　交流电动机的转速 n（rpm）与电机极数 p、电源频率 f（Hz）可以列出如下关系式：$n = 60f/p$。

　　由该关系式可见，交流电动机的转速与其极数成反比，与电源的频率成正比。电机的级数为 2 的倍数，一般为 2、4、6、8 极。若以改变极数来调节转速，只能是阶梯式的，且梯级有限。在热泵的调速中鲜有应用。而改变电源的频率（理论上频率的调节范围可达 $0 \sim 400$Hz，但对于热泵而言，实际应用中一般为 $0 \sim 50$Hz），可达到 $0 \sim 100\%$ 范围的无级变速，成为交流电机调速的主要方法。

用改变电源频率来调节电机转速的方法，称为变频调速。该方法在电源中接入名为变频器的设备，变频器是在计算机的控制下利用电力半导体器件的通断作用将工频电源改变为需求频率的电能控制装置。变频器多采用"交—直—交"的方式，由整流器、中间滤波环节及逆变器等组成。先把工频的交流电通过整流器转换为直流电，然后再把直流电转换为要求频率的交流电，供给电动机以实现调速的目的。

近年来出现一种永磁转子的无刷直流电机，应用在小型热泵中。电机配备有"交—直"整流调速装置，在使用交流电源的情况下，实现直流机的无级变速，称为直流变频，或确切地称为直流调速。

7.1.2 压缩机内设调节装置的方式

热泵压缩机的内设调节装置，因压缩机的种类不同而有所不同。各种压缩机的内设调节装置的构造简述如表7-1所示。

压缩机内设调节装置一览表　　　　　　　　　　　　　　　　　　表7-1

序号	压缩机类型	内设调节装置构造简述
1	活塞式	配有顶杆启阀装置。吸气阀片靠油压的控制顶起或落下，实现气缸卸载与加载。各气缸吸气阀全部顶起时，可实现无载启动
2	离心式	依靠叶轮的进口导叶调节，或进口导叶调节辅以扩压器宽度调节。后者可满足30%～100%的无级调节。为避免喘振的可能发生，应有规避措施
3	双螺杆式	在紧贴阴阳螺杆啮合处的底部设置滑阀。滑阀在油压推动下水平滑动，改变螺杆有效工作长度来调节工质排气量。可满足15%～100%的无级调节需求
4	单螺杆式	基本与双螺杆式压缩机相同，只是滑阀为一对，紧贴螺杆与两个星轮的啮合处底部
5	涡旋式	采用轴向柔性结构，静盘上部设置装有活塞的调节室，处于排气压力下的调节室以联通管与吸气侧相通，管上电磁阀启闭改变调节室上部压力促使活塞升降，带动静盘与动盘脱离卸载或复位负载。在电脑的指令下，根据需求调节输出，也称数码涡旋
6	滚动转子式	缸体端面开有旁通孔，孔外部设旁通阀。由旁通阀的启闭控制工质旁通，达到卸载与加载

7.2 热泵的冷热功能转换

制冷及制热的双功能热泵，在季节变换或空调房间有反季节需求时，应能适时进行冷热功能的转换，以满足空调需求。

冷热功能的转换，视热泵的形式不同而各有不同。常见的转换方式在热泵机组分类表（表1-5）中已略见端倪，下面分别进行较为详细的叙述。

7.2.1 利用四通换向阀的转换方式

热泵的冷热功能转换，可依靠其内部装设的四通换向阀来实现。四通换向阀能够根据空调的需求，通过在热泵机组内改变工质的循环路线来转换其制冷或制热的功能。这种依靠机组内部装设四通换向阀的冷热功能的转换方式，多应用于水—空气热泵机组、大气—空气热泵机组、大气—水热泵机组及较小型的水—水热泵机组。

配备四通换向阀的双功能热泵的蒸发器和冷凝器，均为蒸发与冷凝两用，统称为冷凝/蒸发器。在工质的循环方向随着四通换向阀的调整发生变化时，热源端与负荷端的冷凝/蒸发器中的冷凝与蒸发过程随之变换，实现了冷热功能的转换。在空调需要供冷时，负荷端的冷凝/蒸发器按需进入蒸发吸热过程，而热源端的冷凝/蒸发器则进入冷凝放热过程，向热源（汇）排热；在空调需要供热时，负荷端的冷凝/蒸发器按需进入冷凝放热过程，而热源端的冷凝/蒸发器则进入蒸发吸热过程，由热源提取热量。

目前，四通换向阀有电磁阀先导式和双稳态式两种。电磁阀先导式四通换向阀问世较早，主要应用于较小型热泵机组。其缺点是，在需要制热时，要先以制冷的方式运行，以建立压差，才可实施换向进入制热运行。双稳态式换向阀由上海高迪亚电子系统有限公司研发，该阀避开了电磁阀先导式换向阀的上述缺点，可以随时在供冷的稳态与供热的稳态之间转换，因而称为双稳态式换向阀。

1. 电磁阀先导式四通换向阀

电磁阀先导式四通换向阀，由导阀、电磁阀与主阀、四通换向阀组成。导阀与主阀之间以毛细管相连通（见图 7-1）。

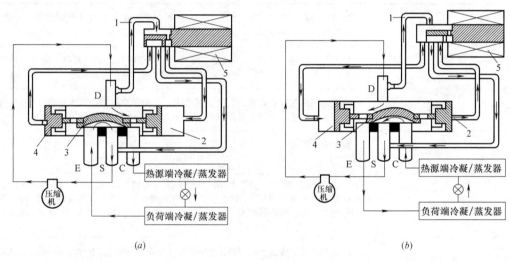

图 7-1　换向阀结构和工作原理图

(a) 制冷循环；(b) 制热循环

1—毛细管；2、4—主阀活塞腔；3—主阀滑阀；5—导阀

主阀设有 D、C、S、E 四个管口。在制冷循环时，电磁阀处于断电状态，电磁阀阀芯在弹簧的压迫下左移复位。主阀活塞腔 2 内的压力高于活塞腔 4 内的压力。滑阀在活塞的带动下左移。低压气态工质被压缩机压缩后，经四通换向阀 C 管口进入热源端冷凝/蒸发器，冷凝并向热源（汇）散热。冷凝后的工质经节流装置进入负荷端冷凝/蒸发器，蒸发并对空调送风或媒介水实施冷却，达到制冷的目的。蒸发后的低压气态工质，经 E 管口进入四通换向阀并由 S 管口返回压缩机，完成循环。

在制热循环时，电磁阀通电，其阀芯在磁力作用下向右移动。主阀活塞腔 2 内的压力低于活塞腔 4 内的压力。滑阀在活塞的带动下右移。低压气态工质被压缩机压缩后，改经四通换向阀的 E 管口进入负荷端冷凝/蒸发器，冷凝并对空调空气或媒介水进行加热，达到制热的目的。冷凝后的液态工质经节流装置进入热源端冷凝/蒸发器，蒸发并由热源吸取热量，然后经 C 管口进入四通换向阀再经 S 管口返回压缩机，以完成制热循环。

电磁阀先导式四通换向阀的规格列于表 7-2。四通换向阀按名义容量选配。名义容量的名义工况为：冷凝温度 40℃；送入膨胀阀液体工质温度 18℃；蒸发温度 5℃；压缩机吸气温度 15℃；通过阀吸入通道的压力降为 0.015MPa。

四通换向阀型号规格   表 7-2

型号	接管外径尺寸（mm）		名义容量（kW）
	进气	排气	
DHF5	8	10	4.5
DHF8	10	13	8
DHF10	13	16	10
DHF18	13	19	18
DHF28	19	22	28
DHF34	22	28	34
DHF80	32	38	80

2. 双稳态四通换向阀

双稳态四通换向阀由阀主体与驱动电机两大部件组成（见图 7-2）。通过电动机组件内的电机轴的收缩、旋转、伸长，来引导阀芯的提升、旋转、压紧，实现稳态 1 与稳态 2 的相互转换。

稳态 1：四通换向阀处于稳态 1 时（见图 7-3），热泵机组压缩机送出的高压气态工质由管口 D 进入四通换向阀，再经管口 E 进入热源端冷凝/蒸发器，冷凝并向热源（汇）放热。冷凝后的工质经节流装置进入负荷端冷凝/蒸发器，蒸发并对空调空气或媒介水进行冷却，达到制冷的目的。蒸发产生的低压气态工质，经四通换向阀的管口 S 与管口 C 返回压缩机，实施制冷循环。

换向：通过阀芯提升，使之与阀体之间产生间隙，随之旋转并压紧，进入稳态 2。

稳态 2：由图 7-4 可见，热泵机组压缩机送出的高压气态工质，经四通换向阀管口 D 与管

图 7-2　双稳态四通换向阀

口 S 改向进入负荷端冷凝/蒸发器，冷凝并对空调空气或媒介水进行加热。冷凝产生的液态工质经节流装置进入负荷端冷凝/蒸发器，蒸发并从热源吸取热量。产生的低压气态工质，经四通换向阀管口 E 与管口 C 返回压缩机，完成制热循环。

双稳态四通换向阀外形尺寸及型号规格见图 7-5。这种换向阀的名义容量为 100～250rt（350～870kW），可用于较大容量的热泵机组。与电磁阀先导式四通换向阀相比，双稳态四通换向阀构造简单，切换方便。而且只在转动电机进行切换时，短暂通电（约 3.5s）。在可靠性方面也具优越性。可以期待，这种新型四通换向阀会有广泛的应用，尤

其是在较大容量的热泵机组中。

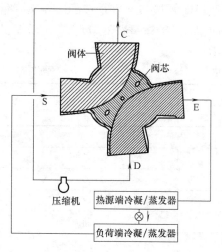

图 7-3 稳态 1 制冷循环示意

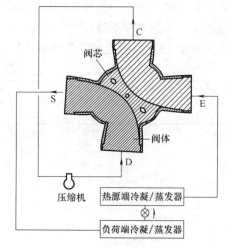

图 7-4 稳态 2 制热循环示意

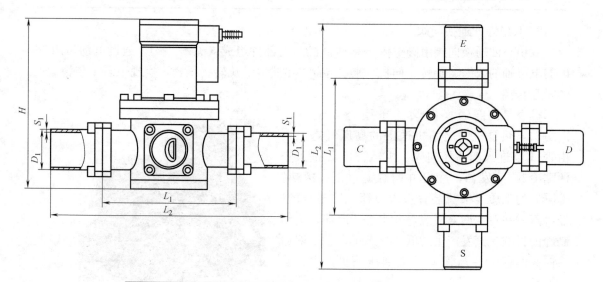

产品型号	外形尺寸(mm)			接管接口尺寸(mm)		阀芯浮空时间(s)	内部串气时间(s)	电机运转时间(s)	名义容量(rt)
				D管	E/S/C管				
	L_1	L_2	H	外径$D_1 \times$壁厚S_1	外径$D_2 \times$壁厚S_2				
W100						0.6	1.1	2.5	100
W130	315	558	391	$\phi76 \times 4$	$\phi89 \times 4.5$	0.6	1.1	2.5	130
W180	315	558	410	$\phi89 \times 4.5$	$\phi108 \times 5.0$	1.5	2.0	3.4	180
W250				$\phi108 \times 5$	$\phi133 \times 5.0$	1.5	2.0	3.6	250

图 7-5 双稳态四通换向阀外形规格

7.2.2 利用外接水管阀门的转换方式

对于水—水热泵而言，也可利用外接水管阀门的启闭来实施其冷热功能的转换。此时，水—水热泵内部无需装设四通换向阀。在冷热功能转换时，热泵内部的工质循环路线无变化。热泵的蒸发器和冷凝器的蒸发和冷凝过程亦无变化。只是依靠外部水管道上相关阀门的启闭，来实施蒸发器和冷凝器在负荷端或热源端的位置互换。

图 7-6 所示为某地下水水源热泵系统示意图，系统中设有两台水—水热泵。热泵连接有空调冷热水及热源水管道，管道上装有转换阀门 1～8。夏季制冷时，阀门 1、2、5、6 开启，阀门 3、4、7、8 关闭，蒸发器作为负荷端，向空调用户提供 7～12℃ 的冷水，冷凝器作为热源端向地下水中排热。冬季制热时，阀门 3、4、7、8 开启，阀门 1、2、5、6 关闭，冷凝器作为负荷端向空调用户提供 40℃～50℃ 的热水，而蒸发器作为热源端由地下水中提取热量。实现了热泵机组夏冬冷热功能的转换。

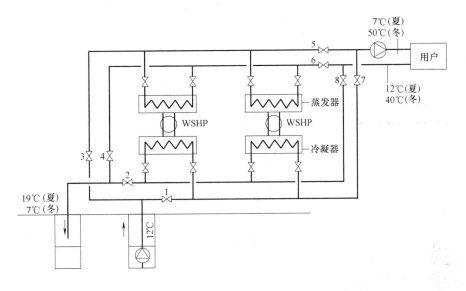

图 7-6　水—水热泵功能转换示意

7.2.3　多联式空调机室内机的功能转换

在两管制的大气—空气与水—空气多联式空调机中，各室内机的供冷或供热功能是一致的，并由室外机中的四通换向阀来实施转换。而在三管制的大气—空气与水—空气多联式空调机中，各室内机可视所在房间的空调需求，依靠专门的转换器单独地转换其供冷或供热功能。被称为 BS 单元的这种转换器见表 7-3。

每台 BS 单元转换器可视具体情况，连接 1～8 台室内机（见图 4-11）。BS 单元转换器的控制程序如图 7-7 所示。如前所述，三管制多联式空调机室外机与室内机之间，连接有液管、高压气管与低压气管。三根管道分别接于 BS 单元转换器一侧的三个接口，并在高压气管与低压气管上设有控制阀。在 BS 单元转换器的另一侧，则只有液管与高/低压气体两个接口，与室内机相连。

在室内机需要制冷运行时，阀 A 关闭，阀 B 开启。来自室外机或其他室内机的液态工质经液管进入室内机，经节流后蒸发吸热。蒸发形成的低压气态工质，经低压气管返回室外机。

在室内机需要进行制热运行时，阀 B 关闭，阀 A 开启。高压气态工质经高压气管进入室内机，冷凝放热，冷凝放热形成的液态工质，供给其他房间的制冷运行的室内机。

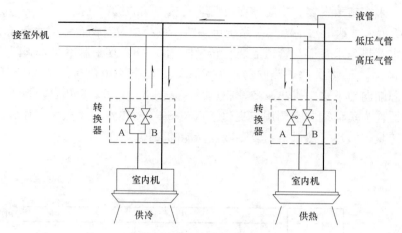

图 7-7 多联式空调机功能转换示意

BS 单元的外形及型号规格   表 7-3

型　　　号	BSVQ100-MV1	BSVQ160-MV1	BSVQ250-MV1
电　　源	单相 220～240V,50Hz		
可连接的室内机总容量(台)	最多 100	100～160	160～250
可连接的室内机数量(台)	最多 5	最多 8	最多 5
外　　壳	镀 锌 钢 板		
尺　寸(mm) $H \times W \times D$	185×310×280	185×310×280	185×310×280

管道口径	室内机	液管 mm	$\phi 9.5$	$\phi 9.5$	$\phi 9.5$
		气管 mm	$\phi 15.9$	$\phi 15.9$	$\phi 22.2$
	主机	液管 mm	$\phi 9.5$	$\phi 9.5$	$\phi 9.5$
		吸气管 mm	$\phi 15.9$	$\phi 15.9$	$\phi 22.2$
		排气管 mm	$\phi 12.7$	$\phi 12.7$	$\phi 19.1$

机重(kg)	9.0	9.0	10.0

第8章　水源热泵系统

8.1　水源热泵系统的定义

如前所述，大气源热泵机组的热源是大气，直接式地埋管地源热泵机组的热源是地壳的土壤，其热源均具有唯一性。但对于水源热泵机组而言，水源可以是作为热源的水，也可以是作为热源媒介的水。而作为热源的水，又可以有多种来源。如，来源于地下含水层的地下水，来自江河湖海的地表水，以及各种废水等等。作为热源的媒介水，也有多种来源。如，来自于地埋管换热器，或来自于水环热泵的循环水等等。因此，可以将水源热泵机组以及为其配套的热源水或热源媒介水的供给及返回设施的组合，定义为水源热泵系统。

8.2　水源热泵系统的分类

根据热源水或热源媒介水的不同来源，水源热泵系统可以分为如下几类：

（1）在水源热泵机组（水—水热泵机组或水—空气热泵机组）以通过地埋换热管的水作为热源时，称为地埋管热泵系统；

（2）在水源热泵机组（水—水热泵机组或水—空气热泵机组）以地下水作为热源时，称为地下水源热泵系统；

（3）在水源热泵机组（水—水热泵机组或水—空气热泵机组）以地表水作为热源时，称为地表水源热泵系统，也可细分为江（河、湖）水或海水源热泵系统；

（4）在水源热泵机组（水—水热泵机组或水—空气热泵机组）以废水作为热源时，称为废水源热泵系统，又可视具体情况细分为，城市污水源热泵系统，城市污水处理厂再生水源热泵系统，火电厂冷却水热泵系统等；

（5）在设于各房间的水—空气热泵机组以配备有辅助的加热装置，排热装备的闭合环路中的循环水作为热源时，称为水环热泵系统。

上述各水源热泵系统中，地埋管热泵系统（Grount Heat Exchanger Heat Pump Systems，GHEHPS）、地下水源热泵系统（Ground Water Heat Pump Systems，GWHPS）及地表水源热泵机组（Surface Water Heat Pump Systems，SWHPS），因其热源水或热源的媒介水均来自大地，在2003年出版的《ASHRAE Handbook Appllcations（SI）》第32章将其划入地源热泵系统（Groud source Heat pump System，GHPS）的范畴。我国《地源热泵系统工程技术规范》GB 50366—2005，沿用了这一概念。

常见的水源热泵系统分类见表8-1。

8.3　水源热泵系统的构成

由水源热泵系统的定义可知，水源热泵系统的构成包括两个部分：第一部分，水源热泵机组（水—水热泵机组，水—空气热泵机组）；第二部分，热源水或热源水的供给及返回设施。其第一部分，水源热泵机组在第 5 章中已有叙述。而其第二部分，热源水或热源水的供给及返回设施，则视水源热泵系统的不同而有所不同。

地埋管热泵系统中，地埋管为热泵媒介水与土壤进行热交换的核心，由热源媒介水将水源热泵机组热源端蒸发/冷凝器的释放热与吸热传递至土壤。

地下水源热泵系统中，作为热源的地下水由抽水井供至水源热泵机组热源端的蒸发/冷凝器，释热或吸热之后，进入回灌井，返回地下水含水层。

水源（介质）热泵应用系统明细表   表 8-1

序号	系统类别	热源	热泵机组形式	图　式
1	地埋管热泵系统	地壳	水—空气热泵机组	
			水—水热泵机组	
2	地源热泵系统 地下水源热泵系统	地下水	水—空气热泵机组	
			水—水热泵机组	
3	地表水源热泵系统	江/河/湖/海水	水—空气热泵机组	
			水—水热泵机组	

序号	系统类别	热源	热泵机组形式	图　式
4	废水源热泵系统	城市污水（原生水、再生水、中水）工业废水	水—空气热泵机组	
			水—水热泵机组	
5	水环热泵系统	循环水系统配备冷却塔辅助加热器	水—空气热泵机组	

地表水源热泵系统包括水下盘管换热式及泵送式两类。水下盘管换热式系统，热源媒介水流经水下盘管，将水源热泵机组热源端蒸发/冷凝器的释热与吸热传递至水体。泵送式系统再将地表水泵入水源热泵机组热源端蒸发/冷凝器，释热和放热之后，排放或流至原处。

水环热泵系统中，水—空气热泵机组热源端蒸发/冷凝器通过循环水，或排热至冷却塔、或吸热于辅助加热装置，或各房间的水—空气热泵之间互为热源、热汇。

水源热泵系统所使用的水源热泵机组，可以是水—空气热泵机组，也可以是水—水热泵机组。在使用水—水热泵机组时，以其作为空调的冷热源。机组的负荷端要向空调的末端装置——空气处理机及风机盘管等供应冷热水。该冷热水的供应系统，称为空调水系统。空调水系统属空调范畴，其构成依据是空调末端的配置和需求。至于冷热源的选择——是否选择水源热泵系统，或者选择何种水源热泵系统，都是可以的。因此，本处未将空调水系统划入水源热泵系统的组成部分。

8.4　直接式与间接式系统

由表 8-1 可见，在一些系统中，热源水直接引入热泵机组热源端的蒸发/冷凝器，向热泵工质释热或吸热之后返回，因而称为直接式系统。也由于流经热泵热源端的蒸发/冷凝器的热源水的系统形式是开放的，又称为开放式系统。在另一些系统中，则增加一套换热装置。与直接式系统热源水直接引入热泵热源端的蒸发/冷凝器不同，热源水引入热交换器，与媒介水进行热交换，然后返回。而媒介水流经热泵热源端的蒸发/冷凝器，间接向热泵工质释热或吸热，因而称为间接式系统。也由于流经热泵热源端的蒸发/冷凝器的水的系统形式是封闭的，又称为封闭式系统。

直接式系统是基本的系统形式。之所以要增加一套热交换装置，成为所谓的间接式系统，原因之一是，在采用小型的、各房间分散设置的水—空气热泵机组时，对水质有更高的要求；原因之二是，热源水的水质不理想，例如采用海水、矿化度较高的地下水以及城市污水等，而热泵机组热源端的蒸发/冷凝器本身的构造是通用的，并无专门的防护措施。

相比较而言，间接式系统的采用会产生以下缺憾：

（1）增加一套热交换装置，造价提高。且由于媒介水循环泵的耗电，会使系统的整体能效有所降低。

（2）热交换存在的温差，使热泵机组的工况趋于劣化。夏季制冷工况下，媒介水的温度会高于热源水，热泵的制冷系数会有所降低；冬季制热工况下，媒介水的温度会低于热源水，热泵的制热系数同样会有所降低。而在热源水温度较低的场合，媒介水有结冰的可能时，尚需添加乙二醇等防冻剂。

为避免采用间接式系统所带来的缺憾，宜优先采用直接式系统。为应对热源水水质不理想可能带来的危害，可在生产厂商的配合下，量体裁衣，按对于热交换器的要求制造热泵机组热源端的蒸发/冷凝器。此种做法，在工程中已多有应用。

第9章 地埋管热泵系统

地埋管热泵系统，亦称地埋换热管热泵系统（Grount heat exchanger heat pump systems），也译作地下热交换器地源热泵系统，或称其为地源耦合式热泵系统（Grount coupled heat pump systems），属地源热泵系统的一种，其系统原理简图见表8-1。地埋管热泵系统在土壤中埋以换热管，换热管与水源热泵机组以管道相连接，并装设循环水泵等设施。系统内充以媒介水，必要时掺有防冻剂。在系统运行时，热由载热的媒介水通过换热管由土壤中吸热，或向土壤中释热。

9.1 地埋管热泵系统的特点

（1）以土壤作为热源，其温度与当地全年平均气温相近，尤其是竖直埋管时基本稳定。与大气源热泵相比有较高的性能系数，且无所谓的"逆反效应"。

（2）地下水或地表水，可遇而不可求。在无地下水或江河湖海的地区，将无法使用地下水或地表水作为热源。而在地球上，土壤却基本随处可见。在用地面积有限时，甚至可以在地下室底板下或桩基础内埋管。

（3）土壤作为热源的缺点是，因土壤的传热不良，单位表面积的地埋管换热量有限，欲实现所需的换热量，埋管数量会很多。

9.2 地埋管热泵系统的发展

早在1912年，瑞士的佐伊利（H. zoelly）便在其专利文献中提出了地埋管热泵系统的概念。20世纪40、50年代，美国及欧洲一些国家开始地埋管换热理论的研究，并建造了一些小型的或供理论研究的系统。20世纪70、80年代开始有大量系统建造并投入运行。其原因是：（1）石油危机后，节能需求的推动；（2）政府的正确导向和资助；（3）地埋管换热理论及施工技术的进步、完善；（4）塑料管材的面世。地埋管所处环境恶劣且几乎不可维护，注定了以塑料管替代金属管的划时代意义。

早期美国地源热泵系统中，以地下水热泵系统为主，地埋管热泵系统所占比例较小。但据2006年的统计，美国地埋管热泵系统的比例已有显著增长：竖直埋管和水平埋管的地埋管热泵系统分别占46%和38%，地下水热泵系统占15%，其他类别的系统占1%。

在我国，1989年中美合作在上海闵行经济技术开发区办公楼建成首个地埋管热泵系统。20世纪90年代，国内各大学陆续建成实验性工程，进行地埋管热泵系统的理论研究和实践。此后，经过数年的发展，地埋管热泵系统在地源热泵系统中已占有相当大的比例，且在逐年增长。据中国建筑节能协会地源热泵委员会的统计，2007年和2009年各种地源热泵系统所占份额如表9-1所示。

由以上统计说明，地埋管热泵系统在我国正进入较为快速发展的时期。说明该种系统有着较强的竞争力，是有前途的一种地源热泵系统。

9.3 地埋换热管的形式

地埋换热管是地埋管热泵系统最具标志意义的核心部分。作为热源的媒介水通过地埋换热管组成的地下换热装置，由土壤中吸热或释热，以保证热泵机组的制热或制冷运行。

地埋换热管最常见的有水平埋管及垂直埋管两种形式。

我国地源热泵系统所占比例　　　　　　　　　　表 9-1

热泵系统类别	比例（%）	
	2007 年	2009 年
地埋管热泵系统	32	34
地下水热泵系统	42	38
地表水热泵系统	26	28
合计	100	100

1. 水平埋管

水平埋管是指在开挖的沟渠或水平钻孔中敷设，在集管连接完成之后加以填埋。水平埋管按照排列形式可分为单排管、双排管及四排管三种（见图 9-1）。水平埋管深度，其最上一排管顶部应在冰冻线以下 0.6m 且距地不小于 1.5m。为保证较高的换热，两列埋管之间的水平距离应不小于：单排管 1.2m；双排管 1.8m；四排管 3.6m。为便于连接，双排管可做成单 U 形，四排管可做成双 U 形。

2. 竖直埋管

竖直埋管是指在土壤钻孔内放入 U 形管道，管周围与孔壁之间填充以专用回填材料，然后以集管和联管进行连接。竖直埋管经常使用的有单 U 形管及双 U 形管两种（见图 9-2）。

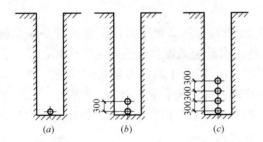

图 9-1　水平埋管排列形式
(a) 单排管；(b) 双排管；(c) 四排管

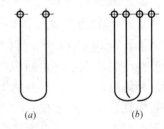

图 9-2　竖直埋管形式
(a) 单 U 形管；(b) 双 U 形管

竖直埋管深度为 20～100m，钻孔直径按埋管数量及根数确定，一般为 Φ110～200mm。竖直埋管钻孔的水平间距应满足换热要求，一般为 3～6m。水平连接管的深度在冰冻线以下 0.6m 且距地面不小于 1.5m。水平埋管和竖直埋管也可采用螺旋式。竖直埋管也可采用套管式，但目前较少使用。埋管的外径一般为 D32～D63。

9.4 地埋换热管的连接

地埋换热管装设完毕，须以集管或联管将各组埋管连接起来，接至设于建筑内部的水源热泵机组。采用竖直埋管的方式时，集管和联管埋设于土壤中时，应在冰冻线以下0.6m，且距地面不下于1.5m。采用水平埋管方式时，集管与埋管位于同一深度。

各组埋管之间可采用并联或串联连接，原则是要保证管内有适宜的流速。同一组埋管的各部分之间，如双U形垂直埋管的两个U形管之间，且埋深较浅时，宜采用串联连接。

在埋管组数较多时，联管的布置应尽量做到环路之间的水力平衡，必要时应采用同程式连接。管道在铺设时应考虑空气的排除便利。

9.5 地埋换热管的管材选用

地埋换热管的管材应符合下述规定，集管、联管与地埋换热管可采用同一管材：

(1) 地埋换热管应采用化学稳定性好、耐腐蚀、导热数大、流动阻力小的塑料管；

(2) 承压能力高，最低不小于1.0MPa，且不会因施工中的岩土堆积而导致破坏；

(3) 采用热熔连接，连接处的牢固程度应高于管材本身；

(4) 按《地源热泵系统工程技术规范》GB 50366—2005 推荐，宜采用聚乙烯管（PE8 或 PE10）或聚丁烯管（PB）及同质件。不宜采用聚氯乙烯管（PVC 管）。PE 管壁厚按表9-2选择。PB 管推荐使用 S5 系列管材，公称压力为 2.0MPa。此公称压力及表9-2 内的公称压力，以水温20℃，使用寿命50年为条件。在工程选用时，公称压力应大于工作压力，且不得小于1.0MPa。管材的供货方式，可采用直管或盘绕式，并按具体情况提出管长要求，以减少接头数量。

聚乙烯（PE）管壁厚选择表 表9-2

公称外径 (mm)	公称壁厚(mm)/材料等级			公称外径 (mm)	公称壁厚(mm)/材料等级		
	公称压力				公称压力		
	1.0MPa	1.25MPa	1.6MPa		1.0MPa	1.25MPa	1.6MPa
20	2.3/PE80	2.3/PE80	2.3/PE80	225	13.4/PE100	16.6/PE100	20.5/PE100
25	2.3/PE80	2.3/PE80	2.3/PE80	250	14.8/PE100	18.4/PE100	22.7/PE100
32	3.0/PE80	3.0/PE80	3.0/PE100	280	16.6/PE100	20.6/PE100	25.4/PE100
40	3.7/PE80	3.7/PE80	3.7/PE100	315	18.7/PE100	23.2/PE100	28.6/PE100
50	4.6/PE80	4.6/PE80	4.6/PE100	355	21.1/PE100	26.1/PE100	32.2/PE100
63	4.7/PE80	4.7/PE100	5.8/PE100	400	23.7/PE100	29.4/PE100	36.3/PE100
75	4.5/PE100	5.6/PE100	6.8/PE100	450	26.7/PE100	33.1/PE100	40.9/PE100
90	5.4/PE100	6.7/PE100	8.2/PE100	500	29.7/PE100	36.8/PE100	45.4/PE100
110	6.6/PE100	8.1/PE100	10.0/PE100	460	33.2/PE100	41.2/PE100	50.8/PE100
125	7.4/PE100	9.2/PE100	11.4/PE100	630	37.4/PE100	46.3/PE100	57.2/PE100
140	8.3/PE100	10.3/PE100	12.7/PE100	710	42.1/PE100	52.2/PE100	—
160	9.5/PE100	11.8/PE100	14.6/PE100	800	47.4/PE100	58.8/PE100	—
180	10.7/PE100	13.3/PE100	16.4/PE100	900	53.3/PE100	—	—
200	11.9/PE100	14.7/PE100	18.2/PE100	1000	59.3/PE100	—	—

9.6　地埋换热管的换热面积计算

作为地埋管热泵系统的核心部分,地埋换热管所需换热面积的计算至关重要。计算在地埋换热管的形式、平面及竖向布置确定之后进行,并应以空调冷热负荷及水源热泵机组的选择计算为基础。

地埋换热管换热面积的计算,应根据现场实测岩土及回填料热物性参数,采用软件进行。

依据《地源热泵系统工程技术规范》GB 50366—2005(2009 年版)的规定,当地埋管热泵系统的应用面积在 3000~5000m² 时,宜在现场实际钻孔进行热响应试验,或应用面积大于或等于 5000m² 时,应在现场实际钻孔进行热响应试。

在未进行热响应试验的场合,可参考表 9-3,该表引自《2003 ASHRAE HAND-BOOK HVAC Applications》。

地埋管换热的计算软件应具备以下功能:

(1) 能计算或输入建筑物全年动态负荷;

(2) 能计算当地岩土体地平均温度及地表温度波幅;

(3) 能计算岩土体、传热介质及换热管的热物体;

(4) 能模拟和计算岩土体与换热管间的热传递及岩土体长期蓄热效果;

(5) 能计算地下流体长期运行的温度;

(6) 能对所设计系统的地埋管换热器的结构进行模拟(如钻孔直径、换热器类型、回填情况等)。

对于竖直埋管换热面积的计算,也可按如下方法进行:

计算时须先行确定埋管的内外径、钻孔直径,然后按如下步骤进行,计算结果表现为埋管长度。

(1) 传热介质与 U 形管内壁的对流换热热阻 R_f (m·K/W) 可按下式计算:

$$R_f = \frac{1}{\pi d_i K} \tag{9-1}$$

式中　d_i——管道的内径,m;

　　　K——传热介质与 U 形管内的对流换热系数,W/(m²·K)。

(2) U 形管的管壁热阻 R_{pe} (m·K/W) 可按下式计算:

$$R_{pe} = \frac{1}{2\pi\lambda_p}\lambda n\left(\frac{d_e}{d_e-(d_0-d_i)}\right) \tag{9-2}$$

$$d_e = \sqrt{nd_0} \tag{9-3}$$

式中　λ_p——U 形管导热系数,W/(m·K);

　　　d_0——U 形管的外径,m;

　　　d_e——U 形管的当量直径,m;对单 U 形管,$n=2$;对双 U 形管,$n=4$。

(3) 钻孔灌浆回填材料的热阻 R_b (m·K/W) 按下式计算:

$$R_b = \frac{1}{2\pi\lambda_b}\lambda n\left(\frac{d_b}{d_e}\right) \tag{9-4}$$

式中　λ_b——灌浆填充材料导热系数,W/(m·K);

d_b——钻孔的直径，m。

几种典型土壤、岩石及回填料的热物性　　　　　　　表 9-3

类　　别		导热系数 λ_s [W/(m·k)]	扩散率 α ($10^{-6}m^2/s$)	密度 ρ (kg/m^3)
土壤	致密黏土(含水量 15%)	1.4~1.9	0.49~0.71	1925
	致密黏土(含水量 5%)	1.0~1.4	0.54~0.71	1925
	轻质黏土(含水量 15%)	0.7~1.0	0.54~0.64	1285
	轻质黏土(含水量 5%)	0.5~0.9	0.65	1285
	致密砂土(含水量 15%)	2.8~3.8	0.97~1.27	1925
	致密砂土(含水量 5%)	2.1~2.3	1.10~1.62	1925
	轻质砂土(含水量 15%)	1.0~2.1	0.54~1.08	1285
	轻质砂土(含水量 5%)	0.9~1.9	0.64~1.39	1285
岩石	花岗岩	2.3~3.7	0.97~1.51	2650
	石灰石	2.4~3.8	0.97~1.51	2400~2800
	砂　岩	2.1~3.5	0.75~1.27	2570~2730
	湿页岩	1.4~2.4	0.75~0.97	—
	干页岩	1.0~2.1	0.64~0.86	—
回填料	膨润土(含有 20%~30%的固体)	0.73~0.75	—	—
	含有 20%膨润土、80%SiO$_2$砂子的混合物	1.47~1.64	—	—
	含有 15%膨润土、85% SiO$_2$砂子的混合物	1.00~1.10	—	—
	含有 10%膨润土、90% SiO$_2$砂子的混合物	2.08~2.42	—	—
	含有 30%膨润土、70% SiO$_2$砂子的混合物	2.08~2.42	—	—

（4）地层热阻，即从孔壁到无穷远处的热阻 R_S（m·K/W）：

对于单个钻孔：

$$R_S = \frac{1}{2\pi\lambda_S} I\left(\frac{rb}{2\sqrt{a\tau}}\right) \qquad (9\text{-}5)$$

$$I(u) = \frac{1}{2}\int_u^\infty \frac{e^{-S}}{S}\mathrm{d}s \qquad (9\text{-}6)$$

对于多钻孔，有：

$$R_S = \frac{1}{2\pi\lambda_S}\left[I\left(\frac{r_b}{2\sqrt{a\tau}}\right) + \sum_{i=2}^N I\left(\frac{X_i}{2\sqrt{a\pi}}\right)\right] \qquad (9\text{-}7)$$

式中　I——指数积分公式，可按式（9-6）计算；

　　　λ_S——岩土体的平均导热系数，W/(m·K)；

　　　a——岩土体的热扩散率，m^2/s；

　　　γ_b——钻孔的半径，m；

　　　τ——运行时间，s；

　　　X_i——第 i 个钻孔与所计算钻孔之间的距离，m。

（5）短期连续脉冲负荷到引起的附加热阻 R_{SP}（m·K/W），可按下式计算：

$$R_{SP} = \frac{1}{2\pi\lambda_S} I\left(\frac{\gamma_b}{2\sqrt{a\tau_P}}\right) \qquad (9\text{-}8)$$

式中　　τ_P——短期脉冲负荷连续运行的时间，例如 8h。

（6）竖直地埋换热管钻孔的长度计算宜符合下列要求：

1）制冷工况下，竖直地埋换热管钻孔的总长度（m），可按下列公式计算：

$$L_C = \frac{1000Q_C[R_f + R_{Pe} + R_b + R_S \times F_C + R_{SP} \times (1-F_C)]}{t_{max} - t_\infty}\left(\frac{COP_C + 1}{COP_C}\right) \tag{9-9}$$

$$F_C = T_{C1}/T_{C2} \tag{9-10}$$

式中　　Q_C——水源热泵机组的额定冷负荷，kW；

　COP_C——水源热泵机组的制冷性能系数；

　t_{max}——制冷工况下，地埋换热管中传热介质的设计平均温度，通常取 33～36℃；

　t_∞——埋管区岩土体的初始温度，℃；

　F_C——制冷运行份额；

　T_{C1}——一个制冷季中水源热泵机组的运行小时数，当运行时间取一个月时，T_{C1} 为最热月份水源热泵机组的运行小时数；

　T_{C2}——一个制冷季中的小时数，当运行时间取一个月时，T_{C2} 为最热月份小时数。

2）供热工况下，竖直地埋换热管钻孔总长度（m），可按下列公式计算：

$$L_h = \frac{1000Q_h[R_f + R_{Pe} + R_b + R_S \times F_h + R_{SP} \times (1-F_h)]}{t_\infty - t_{min}}\left(\frac{COP_h - 1}{COP_h}\right) \tag{9-11}$$

$$F_h = \frac{T_{h1}}{T_{h2}} \tag{9-12}$$

式中　　Q_h——水源热泵机组的额定热负荷，kW；

　COP_h——水源热泵机组的供热性能系数；

　t_{min}——供热工况下，地埋换热管中传热介质的设计平均温度，正常取 −2～ 6℃；

　F_h——供热运行份额；

　T_{h1}——一个供热季中水源热泵机组的运行小时数，当运行时间取一个月时，T_{h1} 为最冷月份水源热泵机组的运行小时数；

　T_{h2}——一个供热季中的小时数，当运行时间取一个月时，T_{h2} 为最冷月份的小时数。

9.7　释热与吸热的平衡

对于较大规模的地埋管热泵系统，通常要在可用面积有限的情况下采用密集布置的竖直埋管方式。竖直埋管的大部分埋深位于地下 10～30m 的近恒温带，以及 30～300m 的恒温带之内。近恒温带，尤其是恒温带的岩土，其温度是地球表面的太阳辐射与气温影响和地核的导热与对流影响的综合平衡点。此平衡温度与全年温度有非常好的相关性，但完全不受当地一年四季气温变化的影响。近恒温带及恒温带内的岩土温度要略高于当地的全年平均气温，且常年恒定。竖直地埋管的热泵系统以此巨大的蓄热体作为热源和热汇，并以一年为周期接受热泵的释热与吸热。若总的释热量与吸热量平衡，一个周期之后，岩土的温度将回复到其初始温度。但当总释热量与总吸热量不平衡时，由于蓄热体被厚重的不良导体所包裹，来自外部的热的补充或向外部的热的散失，都是极为缓慢和微小的，在运行一个周期后，岩土温度将偏离量初始温度，且偏离值逐年加大。

经模拟分析，运行时间 50 年的岩土温度偏离值及相关数据摘录于表 9-4 内。模拟系统所在地点上海，岩土初始温度 17℃。空调峰值冷热负荷分别为 240kW 及 93.4kW，负荷之比为 2.57：1。竖直埋管，孔深 86m。

由表 9-4 可见，在总释热量大于总吸热量，其比值为 2.57：1 时，岩土温度由初始的 17℃逐年升高，运行时间 50 年时达到 29.79℃。由于岩土温度的逐年升高，热泵的制冷系数 COP_c 值逐年降低，制热系数 COP_h 值则逐年升高。对于总释热量小于总吸热量的系统虽无模拟分析，但应该肯定的是，运行之后的变化趋势是相反的，即岩土温度会偏离初始的 17℃，并逐年降低。热泵的制冷系数 COP_c 值逐年升高，制热系数 COP_h 值则逐年降低。

释热与吸热平衡模拟数据

表 9-4

运行时间 岩土温度及 COP 值	0 年	10 年	20 年	30 年	50 年
岩土温度	17℃	24.99℃	27.37℃	28.55℃	29.79℃
COP_c	4.96	4.12	3.933	3.64	3.62
COP_h	3.21	3.45	3.50	3.56	3.61

为应对总释热量与总吸热量的不平衡，应该注意如下问题：

（1）地埋管的换热计算软件应包含总释热量与总吸热量不平衡所导致的岩土温度变化的分析计算；

（2）水源（媒）热泵机组的选型若仍按岩土初始温度为依据，应对其供冷量或供热量加以修正；

（3）在总释热量与总吸热量不平衡差较大时，应经技术经济比较之后，在系统内增设辅助散热装置或加热装置，即形成所谓的复合系统。

9.8 复合系统

（1）在总释热量大于总吸热量时，可采用如下复合方式：

1）附设冷却塔，在热泵供冷运行时将部分冷凝热散入大气，以减少向岩土的总释热量。

2）在热泵机组热源端配置副冷凝器，在热泵供冷运行时利用其部分冷凝热加热生活热水，以减少向岩土的总释热量。

3）在有电网调峰需求的场合，可考虑采用具有土壤蓄冷功能的地埋管热泵集成系统。在达到向土壤释热与吸热的平衡的同时，又可达到电网调峰，节省电费的目的。系统选用三工况（供热工况、空调工况、低温工况）水—水热泵机组，并附带冷却塔。空调期内，电网低谷时段，热泵机组低温制冷工况运行，蓄冷于土壤中。热泵机组冷凝热由冷却塔排放至大气。电网高峰时段，以蓄于土壤中的冷为空调服务。在空调期的初期及末期，热泵按空调制冷工况运行，冷却塔关闭，冷凝器冷凝热排入土壤，确保土壤中得热与失热的平衡，为供暖工况储备热量。供暖期，热泵按供热工况运行，取热于土壤，供热至用户。

（2）在总释热量小于总吸热量时，可附设辅助加热装置，用以承担部分空调热负荷。随着热泵供热负荷的减少，其运行时由岩土的吸热量相应减少，以保证总释热量与总吸热量的平衡。辅助加热方式，可有以下几种：

1）在有城市热网时，可设置中间换热装置，引入热网的一次水，为空调供出合适温度的二次水。

2）在有方便的燃气来源时，可增设燃气热水锅炉，作为辅助热源。

3）可采用太阳能热水器，供应热水，作为辅助热源。

4）可利用其他可方便取得的热源水，如地下水、中水等，在供热工况时替代地埋管热泵系统的媒介水，引入水源热泵机组，以减少自土壤的取热。

5）与地埋管热泵系统的水—水热泵并联设置复合补热机组。复合补热机组由大气—水热泵与热管两部分组成。空调期与供暖期的大部时间，地埋管热泵系统正常运行。供暖初期及末期，以大气—水热泵替代地源热泵，向空调系统供热。非空调期与供暖期，气温较高时由热管依靠自然温差向土壤补热；气温较低时，启动大气—水热泵向土壤补热。

第10章 地下水源热泵系统

10.1 概述

地下水源热泵系统与地埋管热泵系统同属于地源热泵系统。由表 8-1 中的流程简图可见，地下水源热泵系统由水源热泵机组（含水—水热泵机组或水—空气热泵机组）、与地下水供给及回灌的设施以及地下水供回水管道所组成。其不同于其他地源热泵系统的地方，亦即该系统的核心之处，是地下水的提取与回灌设施，即抽水井与回灌井。

地埋管热泵系统是在地壳的恒温带或近恒温带设置地埋管换热器，循环其中的热源媒介水，将水源热泵机组热源端的蒸发/冷凝器的释热及吸热传递至岩土层内。而地下水源热泵系统所使用的地下水，则是天然存在于恒温带的含水层中。由抽水井提取该地下水，然后送到水源热泵机组热源端的蒸发/冷凝器，释热或吸热后，水温降低或提高，经回灌井返回地下的含水层。进入含水层的地下水回水流向抽水井，并在流动的过程中与含水层的岩土进行尽可能充分的热交换，以确保在流动至抽水井处时，其温度恢复到初始温度，再被抽出并不断供到水源泵机组热源端的蒸发/冷凝器。周而复始，以达到由水源热泵机组的负荷端向空调房间提供冷热风，或向空调水系统提供冷热水的目的。

10.1.1 地下水源热泵系统的特点

地下水源热泵系统的特点，可以概括为：

（1）以地下水为热源，其水质的参考标准可见表 10-1。

地下水源热泵用地下水水质参考标准　　　　　　表 10-1

序号	名　称	允许值	序号	名　称	允许值
1	含砂量	≤1/20 万	9	SO_4^{2-}	≤200mg/L
2	浊度	≤20NTU	10	SiO_2	≤50mg/L
3	pH 值	6.5～8.5	11	Cu^{2+}	≤0.2mg/L
4	硬度	≤200mg/L	12	矿化度	≤350mg/L
5	总碱度	≤500mg/L	13	游离氯	0.5～1.0mg/L
6	Fe^{2+}	≤1mg/L	14	油污	<5mg/L
7	CaO	≤200mg/L	15	游离 CO_2	<10mg/L
8	Cl^-	≤100mg/L	16	H_2S	<0.5mg/L

在地下水采样并经化验，相关指标低于表 10-1 中的允许值时，地下水可直接引入热泵热源端的蒸发/冷凝器。在某些指标高于表 10-1 中的允许值时，则应采取相应对策，如：

除砂过滤。在地下水含砂量较高时，应设置除砂装置，以防止砂子对于管道、设备的磨损，以及在阀门等处的可能积聚。除砂装置常用且有效的是旋流除砂器。旋流除砂器内壁衬以耐磨材料，地下水进入后靠离心力使砂子从水中分离出来，并集于下部的贮砂罐中。

当地下水浊度超允许值时，尚应设置可在线自动清洗的过滤器。

防腐除垢。地下水中所含 Cl^-、游离 CO_2 等均对普通碳素钢具有腐蚀性。在作为单位容积水中所含离子、分子化合物的总量，即总矿化度在 $350\sim500\,mg/L$ 或更高时，热泵热源端的蒸发/冷凝器或热交换器，应分别以不锈钢或钛钢板制作。

当地下水硬度较大，且可能作为热泵机组的热汇时，则应在热泵热源端蒸发/冷凝器或热交换器的选型时，考虑到除垢的方便。

(2) 地下水一般取自地层的恒温带，其温度常年不变，温度值约高出所在地年平均温度 $1\sim4\,℃$。全国各地的地下水温度在 $6\sim24\,℃$。对于热泵的制热工况，全国各地包括严寒地区 A 区在内，都是适宜的。而对于热泵的制冷工况而言，则应视水温高低，或直接引入热泵热源端，或经与回水混合后引入，或可用于直接冷却空气之后再用作热泵的热源(汇)。可见，以地下水为热源，其水温适合于热泵的制冷工况，也适合于热泵的制热工况，是水源热泵机组的理想热源。与地埋管热泵系统相比，性能系数高，运行经济性好。且对热泵释热量与吸热量的不平衡，敏感性差。与大气源热泵相比，性能系数高，且因水温基本恒定，无逆反效应。

(3) 不同于地埋管热泵系统理论的全新摸索与探讨，地下水源热泵系统中的抽水井，在生产与生活的给水工程中早有应用。回灌井及其清理技术——回扬等，也在防止地面下沉与冬灌夏用等方面积累了经验。

(4) 在地下水源热泵系统的运行中，或因回灌井能力差，或因回灌井配置数量不足，或因回灌井的清理与维护不力，由抽水井供给热泵热源端的蒸发/冷凝器或换热器的地下水，在释热或吸热后不能完全由回灌井返回地下。不仅造成地下水资源的浪费，长此以往还可能造成地面下沉。因此，热源水的回灌是否理想，就成了该热泵系统成败的关键。

10.1.2 地下水源热泵系统的应用

地下水源热泵系统的自身特点决定了其比地埋管热泵系统的应用相对较早，且在相当长时间内居于主导地位。

在美国，地下水源热泵系统的应用始于 1934 年。在我国最早应用于 1985 年的广东东莞市游泳池。20 世纪 90 年代，国内开始水—水热泵机组的研发，并逐渐开始应用于地下水源热泵系统。1995 年，在辽宁省辽阳市邮电新村的住宅工程中，采用以地下水为热源的水—水热泵机组作为供暖热源。

以此为发端，地下水源热泵系统开始在我国的北京、沈阳等地大量应用。仅以沈阳市为例，2007 年应用面积为 1500 万 m^2，2008 年为 3300 万 m^2，2009 年上半年已达 4000 万 m^2。

在全国范围内，地下水源热泵系统的应用在地源热泵系统应用总量中所占比例，由表 9-1 可见，2007 年为 42%，2009 年为 38%。

10.2 抽水井

抽水井，也称取水井或提水井。抽水井自地下含水层中取水并供给水源热泵机组。抽水井所采取的地下水，其水质、水温及水量，应能满足水源热泵机组的需求。

抽水井有管井、大口井及辐射井三种基本类型。表 10-2 列出了抽水井种类及适用范围。

10.2.1 井室

井室建于地面以下或以上的井口处，其内部设置出水管，出水管阀门、压力表及水表等。在使用深井泵时，井泵及其电机亦设于其中。

10.2.2 井管

在岩土中钻进完成井孔之后，需在井孔内安装井管。在坚硬或半坚硬的稳定岩石层开设井孔时，也可不设井管。

地下水抽水井种类及适用范围 表 10-2

形式	尺寸	深度	适用范围				出水量
			地下水类型	地下水埋深	含水层厚度	水文地质特征	
管井	井径 50～1000mm，常用200～600mm	井深 8～1000m，常在300m以内	潜水、承压水、裂隙水、岩溶水	200m以内，常用在70m以内	视透水性确定	适用于砂砾石、卵石及含水黏性土裂隙、岩溶含水层	一般 500～600m³/d，最大可达 2～3 万 m³/d，最小小于100m³/d
大口井	井径 2～12m，常用 4～8m	井深在20m以内，常用6～15m	潜水、承压水	一般在10m以内	一般为5～15m	砂砾石、卵石，渗透采数最好在20m/d以上	一般 500～10000m³/d，最大可达 2～3 万 m³/d
辐射井	集水井直径4～6m，辐射管直径 50～300mm，常用75～150mm	集水井井深常用 3～12m	潜水	埋深12m以内，辐射管距含水层应大于1m	一般大于2m	细、中、粗砂、砾石，但不可含漂石，弱透水层	一般为5000～50000m³/d，最大310000m³/d

地下水源热泵系统最常使用的是管井。抽水用的管井，其构造如图 10-1 所示。抽水井由井室、井管及井泵等部分组成。井管为井壁管、滤水管及沉淀管的总称。

井管基本上分为三段，位于含水层的一段称为滤水管。滤水管之上至地表一段称为井壁管，滤水管之下延长的一段称为沉淀管。

井壁管无孔，其作用在于支撑和封闭井壁。位于井口以及水质不良含水层或非开采含水层处的井壁管与井壁之间，应以黏土或水泥封闭。井口处的封闭深度应不小于3m。沉淀管亦无孔，底部封闭并置于稳固的基座上。除有与井壁管支撑和封闭井壁的同样作用之外，还有沉积井内砂粒和沉淀物的功能。沉淀管的高度与含水层岩性和井深有关，一般为2～10m。根据井深可参考下列数值采用：

井深 16～30m，沉淀管高不小于 2m；

井深 31～90m，沉淀管高不小于 5m；

井深大于 90m，沉淀管高不小于 10m。

滤水管是井管的三个组成部分的核心。滤水管位于开采的含水层，起到滤水、挡砂和护壁的作用。

滤水管管壁开有圆孔或条孔，可单独用于滤水，或在圆孔、条孔滤水管之外缠丝，以

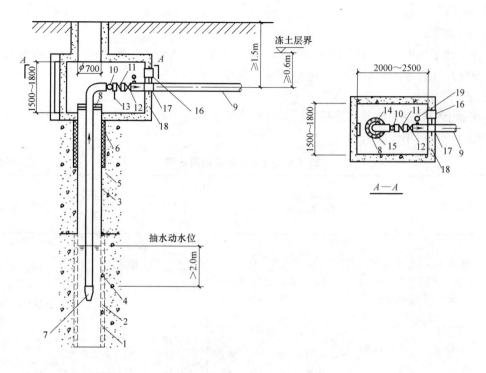

图 10-1　抽水井构成图

1—沉淀管；2—滤水管及砾石层；3—井壁管；4—含水层；5—非含水层；6—人工封闭物；

7—潜水泵；8—井管封头；9—出水管；10—软接头；11—止回阀；12—蝶阀；13—检测阀（DN15）；

14—电缆孔；15—测水位孔；16—电缆防水套管；17—出水管防水套管；18—井室壁；19—压力表

提高过滤效果；或在圆孔、条孔滤水管之外填加砾石，以形成加强过滤效果的砾石层；或在圆孔、条孔滤水管之外缠丝，再加砾石层。

砾石层在井管安装之后填加，事先须根据砾石层的厚度预留出井壁与井管外壁的空隙。

如上所述井管包括井壁管、滤水管及沉淀管三个部分。一般情况下，三者的直径是相同的。井管的内径应大于井泵外轮廓≥100mm，且应满足滤水管过滤面积的需求。常用的井管的直径为 200mm、300mm、400mm、450mm、500mm、600mm 及 650mm。最大日出水量 2 万～3 万 m³。

井管的管材应根据水的用途、地下水水质、井深、管材强度、无污染和经济合理等因素综合确定。通常可使用钢管、铸铁管及塑料管等。塑料管中的高密度 PE 管，强度较高、无污染、耐腐蚀、重量轻，是理想的管材（见表 9-3）。安装时可热熔连接、整体下井。若使用钢管或铸铁管，则应视水质情况进行防腐处理。

10.2.3　滤水管及其附加滤层

1. 滤水管高度 H（m）

按《供水管井技术规范》GB 50296—2014 的规定：

（1）在均质含水层中，其高度应符合：1）含水层厚度小于 30m 时，宜取含水层厚度或动水位以下含水层厚度；2）含水层厚度大于 30m 时，宜根据含水层的富水性和设计出水量确定。

（2）在非均质含水层中，滤水管应安置在主要含水层部位，其高度应符合：1）层状非均质含水层，滤水管累计高度宜为 30m；2）裂隙、溶洞含水层，滤水管累计高度宜为 30~50m。

2. 滤水管直径 D_g（mm）

根据国内管井的应用实践，在中、细砂层中滤水管直径一般为 200~250mm，在砂砾、卵石层中为 300mm，也有采用 400~650mm，甚至达到 1000mm。

滤水管直径除满足井泵的安装需求，尚应满足式（10-1）的计算结果：

$$D_g \geqslant \frac{Q_g}{\pi H_g \eta v_g} \tag{10-1}$$

式中　Q_g——滤水管进水量，m^3/s；

H_g——滤水管有效高度，（m），宜按滤水管高度的 85% 计算；

η——滤水管进水面层有效孔隙率，宜按滤水管面层孔隙率的 50% 计算；

v_g——允许滤水管进水流速（m/s），不得大于 0.3m/s。

3. 滤水管管壁开孔形状及尺寸

滤水管亦称花管、无缠丝过滤器。可单独使用，或根据需要在其管外填充砾石、缠丝。根据管壁上开孔形状的不同，可分为圆孔滤水管及条孔滤水管。

圆孔滤水管的孔眼排列，一般呈梅花状（见图10-2）。在滤水管单独使用时，孔眼直径 d（mm）可按式（10-2）确定，但一般不大于 21mm，孔眼间距 $L=1~2d$。

在将滤水管作为缠丝骨架时，孔眼直径 d 一般为 10~25mm，孔隙率一般为 35%。

条孔滤水管见图 10-3。在滤水管单独使用时，其条孔尺寸见表 10-3。

$$d=(3~4)d_{20} \tag{10-2}$$

式中　d_{20}——小于该颗粒占 20% 的粒径，mm。

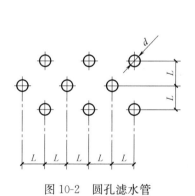

图 10-2　圆孔滤水管

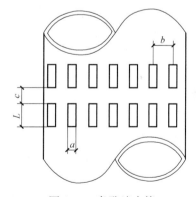

图 10-3　条孔滤水管

条孔尺寸　　　　　　　　　　　　　　　　　　　　　　　　　　　　　表 10-3

名　　称	尺寸(mm)	备　　注
条孔宽度 a	$(1.5~2.0)d_{20}$	一般不大于 21mm
条孔长度 L	$10a$	30~100mm
条孔间距 b	$(3~5)a$	—
条孔竖向间距 c	10~20	—

在将滤水管作为缠丝骨架时，条孔宽度 a 可根据孔隙率和井管强度的要求选择。一般为 10～15mm 或更大些，孔隙率一般为 10%～30%。条孔滤水管相较于圆孔滤水管，加工难度较大，使用较少。

4. 滤水管外填砾石层

在滤水管之外填入砾石层，亦称为无缠丝填砾过滤器。一般采用单层填砾。在砂层含水层或缺少中间级配时，含中细砂多、自身反滤能力弱的卵石、砾石层，则采用双层填砾。内层厚 40～50mm，装于钢丝网中下入井底，然后在其外侧填装外层砾石。在外层填砾完成后，内层填砾的包网即允许其腐蚀甚至烂掉。

填入砾石的规格和滤孔规格见表 10-4。

填入砾石规格和滤孔规格   表 10-4

含水层颗粒级配 (以筛分重量计)	圆形滤孔			条形滤孔			
	$d=8$mm	$d=10$mm	$d=12$mm	宽 6mm	宽 8mm	宽 10mm	宽 12mm
卵石 $d \geqslant 20$mm(>50%) $d=1\sim5$mm(<10%)	单层 8～15	8～15	10～20	8～15	8～15	10～20	10～20
砾石 $d>2$mm >50%	单层 8～15	8～15	10～20	8～15	8～15	10～20	10～20
砾砂 $d>2$mm 25%～50%	单层 5～15	5～15	5～15	5～15	5～15	—	—
砾砂 $d>2$mm 25～50% 内层 / 外层	8～20 / 5～8	10～20 / 5～8	12～20 / 5～8	6～15	8～15 / 5～8	10～12 / 5～8	12～20 / 5～8
粗砂 $d>0.5$mm >50% 内层 / 外层	8～15 / 4～7	10～15 / 4～7	12～20 / 4～7	6～10	8～15 / 4～7	10～15 / 4～7	12～20 / 4～7
中砂 $d>0.25$mm >50% 内层 / 外层	8～15 / 2～5	10～15 / 2～5	12～15 / 2～5	8～15 / 2～5	8～15 / 2～5	10～15 / 2～5	12～20 / 2～5
细砂 $d>0.1$mm >75% 内层 / 外层	8～15 / 0.8～3	10～15 / 0.8～3	12～15 / 0.8～3	8～15 / 0.8～3	8～12 / 0.8～3	12～15 / 0.8～3	12～15 / 0.8～3
粉砂 $d>0.1$mm <75% 内层 / 外层	8～10 / 0.5～2	8～15 / 0.75～2	—	6～10 / 0.5～2	8～12 / 0.75～2	—	—

5. 滤水管外壁缠丝

滤水管外壁缠丝亦称缠丝过滤器，适用于中砂、粗砂、砾石等含水层。滤水管管壁一般钻有圆孔，孔眼直径一般为 10～25mm，孔眼间距为 1～2 倍孔眼直径，孔隙率为 15%～30%。管外壁设有纵向垫筋。垫筋高宜为 6～8mm，其间距宜保证缠丝距管壁 2～4mm，垫筋两端应设挡箍。垫筋之外缠丝。

在较浅的管井中，为增加孔隙率，也可使用钢筋焊成的管形骨架，替代穿孔的滤水管。管形骨架由 $\phi16$ 钢筋组成。钢筋两端分别焊于井壁管和沉降管管壁上，中间每隔 250～300mm 设支撑环。钢筋间距约 40mm 弧长。管形钢筋骨架之外缠丝。管型骨架的缠丝过滤器，其孔隙率为 50%～70%。

钻孔滤水管或管状钢筋骨架的缠丝材料应采用无毒、耐腐、抗拉强度大和线膨胀系数较小的线材。如铜丝、镀锌钢丝、不锈钢丝、玻璃纤维增强聚乙烯丝及尼龙丝。丝径 2.8mm，缠丝间距：均匀的中砂和粗砂含水层为 $(1.0\sim1.5)d$；非均匀沙类含水层为 $d_{40}\sim d_{50}$（中砂）或 $d_{30}\sim d_{40}$（粒砂）。上述 d_{30}、d_{40}、d_{50} 为含水层砂样过筛重量占试样全重的 30%、40%、50% 的颗粒的粒径。

6. 滤水管缠丝外加砾石层

滤水管缠丝外加砾石层，亦称缠丝填砾过滤器，是松散含水层最广泛采用的一种过滤形式。缠丝填砾过滤器的填砾规格与缠丝间距可参照表 10-5。填砾层的厚度一般为 75～150mm。在细、粉砂地层为 100～150mm，且应高出滤水管顶 10～20m。

填砾规格和缠丝间距 表 10-5

序号	含水层种类	筛分结果		填入砾石粒径（mm）	缠丝间距（mm）
		颗粒粒径(mm)	%		
1	卵石	>3	90～100	24～30	5
2	砾石	>2.25	85～90	18～22	5
3	砾砂	>1	80～85	7.5～10	5
4	粗砂	>0.75	70～80	6～7.5	5
		>0.5	70～80	5～6	4
5	中砂	>0.4	60～70	3～4	2.5
		>0.3	60～70	2.5～3	2
		>0.25	60～70	2～2.5	1.5
6	细砂	>0.2	50～60	1.5～2	1
		>0.15	50～60	1～1.5	0.75
7	粉砂	>0.1	50～60	0.75～1	0.5～0.75

7. 滤水方式的选用

滤水管与缠丝以及填砾层的不同组合方式已如上述。总的要求是，进水条件良好，结构坚固，不易堵塞，以保证井的出水量和延长井的寿命。可参照适用于不同含水层的滤水方式的类型表选用（见表 10-6）。

适用于不同含水层的滤水方式类型 表 10-6

含水层特征	滤水方式类型
稳定性好的岩溶、裂隙含水层	可不设井管及滤水装置
稳定性差的岩溶、裂隙含水层，其中无填充物	缠丝、无缠丝滤器
稳定性差的岩溶、裂隙含水层，其中有填充物	缠丝、无缠丝填砾过滤器
$d_{20}>2mm$ 的碎石土类含水层	缠丝、无缠丝过滤器或缠丝、无缠丝填砾过滤器
$d_{20}\leqslant2mm$ 的碎石土类含水层	缠丝、无缠丝填砾过滤器
细、粉砂含水层	缠丝填砾过滤器或无缠丝双层填砾过滤器

10.2.4 洗井与水量的确定

按照《供水管井技术规范》GB 50296—2014 的规定，成井之后应及时进行洗井。洗井之后，确定出水量、动态水位、含砂量、水温及水质等各项准确数据，为地下水源热泵系统设计的后续程序提供依据。在作为回灌井使用时，尚应通过回灌试验，确定出回灌水量。

10.2.5 井泵的选型

地下水取水常用的水泵有两种类型，即深井泵及井用潜水泵。深井泵的泵体与电机分离，两者以长轴相连。泵体于井下水体之中，电机于水井顶部的井室中。潜水泵则电机与泵一体直联，共同置于井下的水体之中。在地下水源热泵系统的抽水井中，多使用潜水泵。潜水泵一般于井水动水位以下 2～5m。

1. 井泵流量

单井水泵流量应小于或等于井的出水量。各单井的流量之和应等于或大于水源热泵系统的最大需水量。

2. 井泵的扬程 H （m）

按下式计算并考虑约 10% 的安全系数：

$$H = H_1 + H_2 + (\Delta P_g + \Delta P_i + \Delta P_o)/10 \tag{10-3}$$

式中　H_1——含水层水面与热泵供水管的最高点高差，m；

H_2——抽水时的水位降深，抽水试验确定，最大值为 5m；

ΔP_g——室内外管道系统阻力，kPa；

ΔP_i——热泵机组热源端蒸发/冷凝器阻力，kPa；

ΔP_o——出口余压，通常取 20～50kPa。

10.3 回灌井

地下水由抽水井提取并输送至水源热泵，流经其热源端的蒸发/冷凝器吸热或放热之后，应使其妥善地返回地下。其目的在于：（1）保护地下水资源不受损失；（2）防止因超采而形成地面沉降。对此，《地源热泵系统工程技术规范》GB 50366—2005（2009 年版）中有明确规定"必须采取可靠回灌措施，确保置换冷量或热量后的地下水全部回灌到同一含水层，并不得对地下水资源造成浪费及污染。"

为此，在地下水源热泵系统中，均设有与抽水井相配套的回灌井。以保证水源热泵机组的热源水，通过其返回地下。

回灌井的构造与抽水井相同。在只有单一回灌功能时，无需设置井泵。回灌水的进水管经井室、井壁管伸入水下（见图 10-4）。

地下水回灌有两种方式：一种依靠回灌后的水位与净水位的水位差，迫使回灌水进入含水层，即所谓的自流重力回灌。适用于水位低、含水层渗透性好的场合，也是我国应用最多的方式。另一种是依靠水泵加压，产生更大的水位差进行回灌。适用于水位高、含水层渗透性较差的场合。

在按照抽水井要素建造的回灌井中，在采用重力回灌时，其回灌水量要小于其可能的出水量。在卵砾含水层中，单位回灌水量为单位出水量的 80%。在粗砂含水层中，单位回灌水量为单位出水量的 50%～70%。在细砂含水层中，单位回灌水量为单位出水量的 30%～50%。此值称为灌抽比，在以抽水井与回灌井的配置来表达时，可以是：在砾石含水层中，配置为一抽一灌；在粗砂含水层中，配置为一抽二灌；在细砂含水层中，配置为一抽三灌。

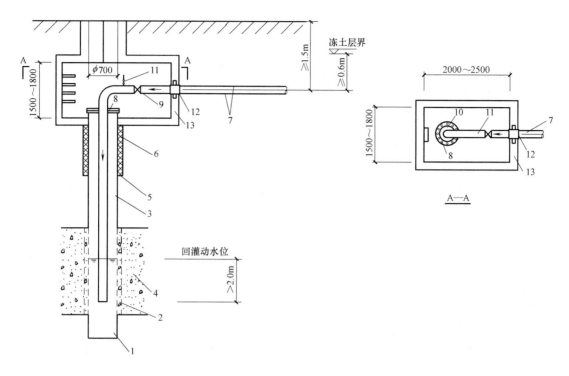

图 10-4 回灌井构成图

1—沉淀管；2—过滤管及砾石层；3—井壁管；4—含水层；5—非含水层；6—人工封闭物；7—回灌水管；
8—井管封头；9—蝶阀；10—测水位管；11—排气阀（DN15）；12—防水套管；13—井室壁

在较大的地下水源泵系统中，回灌井的数量较多时，会为井位的布置带来困难。其实，在井的构造设计中，应该以回灌的需求为基础。譬如，加大滤水管的直径，尽可能做成完整井，以加大滤水面积。在满足了回灌的需求之后，可能的出水量会大于需求的出水量。在选择井泵时，其流量按需求出水量确定，以保证回灌量与实际的出水量形成 1∶1 的比例。

10.4 回扬以及抽灌两用井

经验证明，回灌井在运行一段时间之后，其滤水层会产生堵塞，从而导致回灌水量的减少。堵塞的主要原因如表 10-7 所列。

井堵塞机理及处理方法　　　　　　　　　　　　　　表 10-7

堵塞种类	分　类	成　　因	处 理 方 法
物理堵塞	砂层压密	砂层扰动压密，孔隙度减少，渗透性能降低	打新井
	悬浮物堵塞	浑浊物被带入含水层，堵塞砂层孔隙	控制水质标准和回扬
	气相堵塞	空气被带入含水层或地下水输送过程中脱气而被带入回灌井中的含水层	回扬
化学堵塞	管道化学沉淀堵塞	水中的 Fe、Mn、Ca、Mg 离子与空气相接触所产生的化合物沉淀，堵塞了滤网和砂层空隙	回扬，酸化（HCl）处理，水质监测
	管道电化学沉淀堵塞	管道和过滤器电化学腐蚀，水中铁质增加，堵塞了滤网或砂层的孔隙	
生化堵塞	生物化学堵塞	铁细菌、硫黄还原菌大量繁殖	回扬，加适量杀菌剂

表 10-7 中的气相堵塞、悬浮物堵塞、管道化学沉淀堵塞、生物化学堵塞等，可采用被称为回扬的方法处置。

所谓回扬，即在停止回灌之后，启动井泵抽水，并把抽出的含有杂质的水排至下水井中，至水由浊变清时，回扬结束。在抽灌两用井中，回扬结束随即转入抽水程序。在单一功能的回灌井中，井泵临时放入，回扬结束后将井泵提出，继续作为回灌井使用。

每口回灌井的回扬周期主要由含水层颗粒大小和渗透性而定。在岩溶裂缝含水层，长期不回扬，回灌能力仍能维持；在松散粗大颗粒含水层，每周回扬 1～2 次；在中、细颗粒含水层，每天回扬 1～2 次。

为方便回扬，定期进行回灌、回扬及抽水的周期性转换，可将水源井设计成抽灌两用井（见图 10-5）。

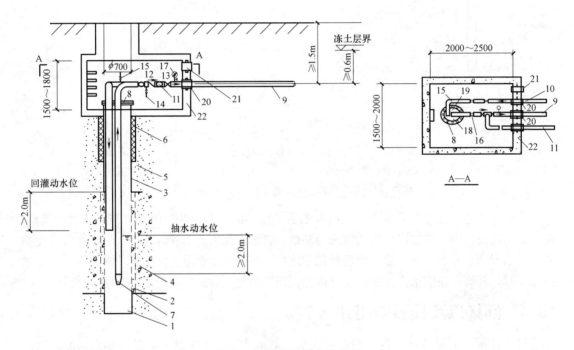

图 10-5　抽灌两用井构成图

1—沉淀管；2—过滤管及砾石层；3—井壁管；4—含水层；5—非含水层；6—人工封闭物；7—潜水泵；8—井管封头；
9—出水管；10—回灌水管；11—回扬管；12—止回阀；13—蝶阀；14—检测阀（DN15）；15—排气阀（DN15）；
16—软接夹；17—压力表；18—测水位孔；19—电缆孔；20—水管防水套管；21—电缆防水套管；22—井室壁

10.5　井位布置及供回水管道

10.5.1　井位布置原则

井位布置应遵守如下原则：

（1）抽水井或回灌井，与建筑物的距离不应小于 20m，与埋地电缆、上下水管道等埋地管线的距离不小于 10m。

（2）抽水井与回灌井之间应保持相当的距离。不可太小，以防止发生热短路，或称热贯通。对于渗透性较好的砂石层，抽水井与回灌井的距离宜在 100m 左右；对于渗透性较差的黏土层，抽水井与回灌井的距离不宜小于50m。

10.5.2 供回水管道

抽水井或回灌井之间，以供回水管道相连，并接至热泵机房。供回水管道的室外部分，应埋地敷设。埋设深度应在冰冻线以下不小于600mm，且距地面不小于1.5m。

室外埋地供回水管道管材，可采用PE塑料管，管外径及壁厚可据工作压力按表9-2选用。

10.6 直接式与间接式系统的选用

地下水源热泵系统，有作为热源的地下水直接进入水源热泵机组热源端的蒸发/冷凝器，并进行释热或吸热的直接式系统；也有作为热源的地下水通过换热装置先与媒介水进行热交换，然后将媒介水引入水源热泵机组热源端的蒸发/冷凝器向热泵工质释热或吸热的间接式系统。

在以下场合，可采用直接式系统：

（1）地下水水质良好，符合表10-1所示的地下水源热泵用地下水水质的参考标准的要求；

（2）地下水水质虽然较差，腐蚀性较强，如矿化度高于350mg/L时，但水源热泵机组热源端的蒸发/冷凝器以相适应的耐腐蚀材料制成时。

在以下场合，宜采用间接式系统：

（1）使用水—空气热泵机组时；

（2）地下水水质较差，腐蚀性较强，如总矿化度高于350mg/L，而水源热泵机组热源端的蒸发/冷凝器以普通碳素钢制成时。

10.7 同井抽灌

同井抽灌，亦称同井回灌，其原理如图10-6所示。同井抽灌系在井管中部以钢板隔开。钢板下为抽水段，设有抽水用滤水管及潜水泵。潜水泵出水管穿过钢板及上部井管引出地面。钢板之上为回灌段，设有回灌滤管。回灌水经滤水管进入含水层，在与岩土进行热交换之后进入抽水段。

关于同井抽灌，最早的报道是1992年建于丹麦技术大学校园内的试验井。21世纪初，我国有公司推出同井抽灌技术，商品名为中央液态冷热源环境系统，在北京某工程中建设投入运行。此后，在北京以及全国各地多有应用。

在采用同井抽灌的方式时，抽水井与回灌井，一下一上，同一轴线。其水平距离为零，垂直距离也有限。其明显优点为回灌相对容易，且便于在有限的场地上布井。但由于抽灌位于同一井孔，水自回灌段滤水管流出，然后进入抽水段滤水管，流经含水层的路程超短。因此，在同井抽灌的方式中，其缺点是必然存在着程度

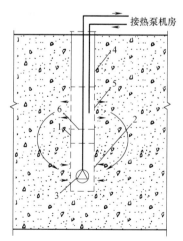

图10-6 同井回灌示意
1—抽水段；2—抽水滤管；3—潜水泵；
4—回灌段；5—回灌滤管；6—隔板

不同的热短路，或称热贯通。

由于热短路的存在，在制冷工况或制热工况时，进入热泵机组的水的温度会逐渐升高或降低，偏离其初始温度。机组的制冷系数与制热系数，会因此而降低。系统运行经济性也随之降低。因此，在选择热泵机组时，应预先考虑热短路的影响因素。

第 11 章　地表水源热泵系统

11.1　地表水源热泵系统的分类

地表水源热泵系统以地表水——地球表面上的江（河）水、湖水及海水作为水源热泵机组的热源（汇）。地表水源热泵系统亦属于地源热泵系统的范畴（见表 8-1）。

根据地表水与水源热泵机组完成热交换的方式不同，地表水源热泵系统可分为水下盘管换热式与水泵取送式两类。

11.1.1　水下盘管换热式地表水源热泵系统

水下盘管换热式地表水源热泵系统，也称为闭式系统。该类系统于江河湖海的水下设置换热盘管，换热盘管与水源热泵机组热源端的蒸发/冷凝器以管道相连，构成回路。其中充以媒介水（或有防冻剂的水溶液）。蒸发/冷凝器的吸热或释热经换热盘管交换至江河湖海的水中。其形式与地埋管热泵系统极为相似，只是换热盘管一个是埋于岩土之中，而另一个是放置于水下。水下盘管换热式地表水源热泵系统，一般只适用于较小规模的工程。

11.1.2　水泵取送式地表水水源热泵系统

水泵取送式水源热泵系统，也称为开式系统。该类系统又可分为直接式与间接式两种。直接式系统中，依靠水泵从江河湖海中取水，送至水源热泵机组热源端的蒸发/冷凝器，释热或吸热之后，再返回江河湖海中。而间接式系统中，水泵从江河湖海中取水，送至热交换器，先与媒介水进行热交换。然后使媒介水进入水源热泵机组热源端的蒸发/冷凝器进行热交换，最终完成地表水向水源热泵机组的释热或吸热的过程。

一般情况下，水源热泵机组热源端的蒸发/冷凝器正常以普通碳素钢制作。在使用海水作为热源水时，可考虑采用间接式系统。其热交换器应以能够耐受海水腐蚀的材料制成。

若为节省花费在热交换装置上的投资，避免热泵机组因换热温差的存在而产生工况劣化带来的性能系数的降低，也可考虑采用直接式系统。但此时，水源热泵机组热源端的蒸发/冷凝器应以耐海水腐蚀的材料制造。

11.2　地表水源热泵系统的特点

地表水源热泵系统由其所采用的热源决定，其主要特点为：

（1）与大气、岩土等的热源随处可见不同，地表水源热泵系统的应用只有在邻近江河湖海的场合可行。

（2）与地下水的温度四季恒定不同，地表水的温度随气温的变化而变化。但其变化要滞后于气温的变化，其变化幅度要小于气温，且随着水深度的增加，其变化幅度越来越小。就热泵的性能系数而言，同一地区的地表水源热泵要低于地下水源热泵，但要高于大气源热泵。因为，地表水的水温工况不但好于大气，无需冲霜，且其逆反效应相对较小。

（3）水泵取送式地表水源热泵系统取水设施的建造工程量，相对小于地下水源热泵系统的取水回灌设施的建造工程量。水下盘管换热式地表水源热泵系统的水下盘管的设置难度要低于地埋管热泵系统的地下换热管的埋设。

（4）在地下水源热泵系统中，地下水在流经水源热泵机组热源端的蒸发/冷凝器，释热或吸热之后，要全数回灌至地下。但回灌难、并非全数回灌的问题令人关注。在地表水源热泵系统中，地表水在蒸发/冷凝器释热或吸热之后，可以容易地全数返回，当然也可在许可的情况下部分返回，部分使用。

（5）与地埋管热泵系统相比，基本上不存在释热与吸热不平衡带来的不良影响。

（6）按照《地表水环境质量标准》GB 3838—2002 的规定，人为造成的地表水环境水温变化应限制在夏季周平均最大温升≤1℃，冬季周平均最大降温≤2℃。在使用地表水源热泵时，尤其在利用流量较小的河流或水容量不大的池塘中的地表水时，应以此规定核定热泵机组的总装机容量。

11.3 地表水源热泵系统的应用现状及前景

11.3.1 应用现状

在各种类型的地源热泵系统中，地表水源热泵系统的应用是比较早的。早在 1939 年，以河水为热源的河水源热泵系统在瑞士的苏黎世市政大厅投入运行。以供热为目的，供水温度 60℃，供热能力 175kW。海水源热泵系统的应用，卓有成效的当属北欧的瑞典。1986 年，瑞典的斯德哥尔摩建成了总能力为 180MW 的海水源热泵系统，用于区域供热。系统设有 6 台 30MW 供热能力的双级离压式水—水热泵机组。机组单台耗电 8MW，海水进/出口温度 2.5℃/0.5℃，蒸发/冷凝温度－3℃/82℃，热水供/回水温度 80℃/57℃。

在我国，地表水源热泵系统的应用相对较晚。21 世纪初，大连以及青岛等环黄渤海沿岸城市相继建成海水源热泵系统，用于空调供热及供冷。

国内最大规模的江水源热泵系统，用于跨黄浦江两岸的上海世博会场馆的空调冷热源（见表 11-1）。江水温度的设计工况采用值，夏季为 30℃/35℃，冬季为 7℃/4℃。江水属劣五类水质，经取水设施的格栅、旋转滤网以及热泵机房内的 T 形过滤器的净化之后进入热泵机组的蒸发/冷凝器。同时为保证该蒸发/冷凝器传热面的清洁，还备有环保球清洁系统。

表 11-1 中的上海世博会 E 区，原为上海市南市电站，2007 年停产关闭。电站主厂房改建为世博会主题场馆之一的未来探索馆。电站的烟囱经过装扮，变身为"世博和谐塔"。原有冷却用江水的取水构建物，亦作为江水源热泵系统的取水之用。不但体现了城市最佳实践区的风貌，而且在节能减排、打造绿色建筑方面也堪称典范。

上海世博会空调冷热源　　　　　　　　　　　　　　　　　　　　　表 11-1

区名	建筑名称	冷热源概况	建筑面积（万 m²）	江水量（m³/h）
B	世博轴	江水源热泵＋桩基地埋管热泵	24.8	12000
	世博中心	江水源热泵＋冰蓄冷	14	
	世博演艺中心	江水源热泵＋冰蓄冷	8	
E	城市最佳实践区	江水源热泵	15	6000
合计			61.8	18000

11.3.2　应用前景

据中国建筑节能协会地源热泵委员会的统计，2009 年地表水源热泵系统的应用已占到整个地源热泵系统应用的 28%（见表 9-1）。

地表水源热泵系统在我国有着广泛的应用前景。依据全国各气候分区的空调需求以及所在地地表水的温度状况，可作出如下展望：

（1）在夏热冬冷地区，其所有的地表水，无论是海水还是江河水，其夏季水温完全能适应热泵供冷工况的需求，而冬季水温亦可满足热泵制热工况的需求。这正契合了该地区夏季炎热需要供冷，冬季阴冷需要供热的特点。是地表水源热泵系统应用前景最为广泛的地区。特别是那些对冬季室温有较高需求的住宅、公寓、学校及宾馆等建筑。

（2）在严寒和寒冷地区，其地表水在夏季用作热泵制冷工况的热汇，都是完全可以的。但在冬季，这些地区的江河湖水会因为寒冷发生冰冻，作为热泵制热工况时的热源已不大可能。当然，在某些特殊情况，如水电站的下游或表层冰冻而深层仍保持 4℃ 的水的场合，属例外情况。在我国，位于寒冷地区的黄渤海，其冬季水温约在 2℃，而其冰点约为 −2℃。以黄渤海的水作为热泵制热工况时的热源是基本可行的。沿岸各城市已多有应用。

（3）在夏热冬暖地区，与夏热冬冷地区相同的是，该地区的地表水既可以作为热泵的热源，又可以在夏季作为热泵的热汇。而不同的是，该地区并非所有地方、所有建筑均需供热。在无需供热的建筑物的空调系统中应用时，地表水仅限于作为单冷式热泵的热汇，即水冷冷水机组的冷却水。在寒冷地区的黄渤海经常也有类似情况，虽需供热，但并不利用其海水作为热源，只在夏季利用其作为冷却水。

以地表水作为热源，其重点在于利用地表水源热泵系统供热或供热兼供冷。若只利用地表水作为单冷式热泵的热汇，即水冷冷水机组的冷却水，其优势将大打折扣。水冷冷水机组的冷却水，多采用冷却塔将其所携带的冷凝热散入大气。在不允许使用冷却塔的场合，可以考虑利用地表水，或另辟蹊径改用风冷冷水机组。在采用水冷水水机组、建筑物的外形特点又不适宜装设冷却塔时，可以考虑到使用地表水。但应从技术、经济等各方面入手进行比较。

11.4　水下换热盘管

11.4.1　水下换热盘管的形式

水下换热盘管为水下盘管换热式地表水源热泵系统热源端的核心设备。水下换热盘管有两种形式：

（1）环状平铺盘管，也称为伸展式盘管或 sinky 盘管。如图 11-1 所示，这种形式的盘管为单层伸展平铺，横向占据面积较大，但由于各盘管间干扰较小，换热效果较线圈盘管式为佳。

（2）线圈式盘管如图 11-2 所示，盘管如电子线圈般盘绕，为避免各盘管间的传热干扰以与盘管同径的管道分隔，保持两倍管经的间距。盘管固定于底座上，置于水中，并保持于适当的水深处。

图 11-1　环状平铺盘管

11.4.2 水下换热盘管的管材

水下换热盘管的管材，与地埋管地源热泵系统的地埋管有着类似的要求。即，耐腐蚀、易于盘绕成型以及尽量高的导热系数。经综合比较，高密度聚乙烯（HDPE）管是水下盘管的适宜管材。水下换热盘管常用管径为 DN25～DN40。由表 9-2 可见，标准尺寸比 $SDR=11$，DN25、DN32、DN40 的外径×壁厚分别为 D32×3.0、D40×3.7、D50×4.6，公称压力 1.6MPa（水温 20℃、寿命 50 年条件下）。

11.4.3 水下换热盘管的设计计算

1. 盘管的换热量

制热工况下，蒸发/冷凝器进入蒸发过程。盘管内流体流经蒸发器放出热量，随后从地表水中吸热。该吸热量为热泵制热量与热泵输入功率之差。

制冷工况下，蒸发/冷凝器进入冷凝过程。盘管内流体流经冷凝器吸收热量，随后向地表水释出。该释热量为热泵制冷量与热泵输入功率之和。

2. 盘管换热面积计算

盘管的换热面积计算，是在初定盘管管径的前提下，按图 11-3～图 11-6 来确定盘管的长度。图 11-3～图 11-6 的编制条件：盘管为聚乙烯管，管内流体处于非层流状态（$Re>3000$）。

四种流体管内非层流状的最小流量列于表 11-2 中。盘管设计计算时，管内流量应大于该表所列最小流量。

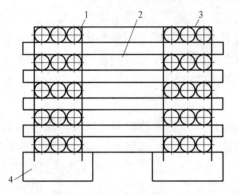

图 11-2 线圈式盘管
1—盘管；2—分隔；3—固定索；4—底座

图 11.3～图 11.6 横坐标为盘管出水温度与水体温度之差。在初定盘管管径之后便可由纵坐标找出单位冷吨换热量的盘管长度（m/ton）。

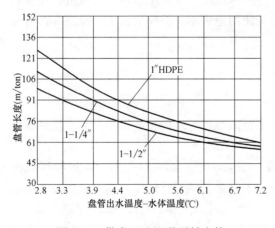

图 11-3 供冷工况-环状平铺盘管

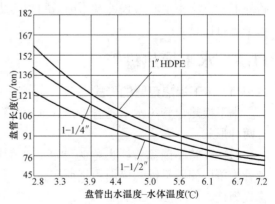

图 11-4 供冷工况-线圈状盘管

在系统规模较大，所需盘管长度较长时，应分组设置。分组的原则：（1）保证管内流体处于非层流状态；（2）每组盘管的流体压力损失不超过 6mH$_2$O。

盘管分组设置时，每组盘管之间应保持 6m 的间距，其管道连接推荐采用同程式，以

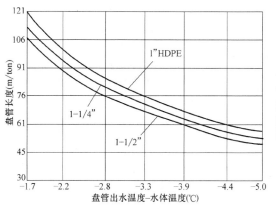

图 11-5　供热工况-环状平铺盘管

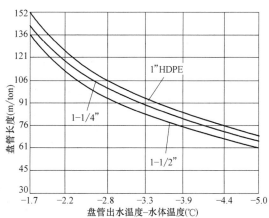

图 11-6　供热工况-线圈状盘管

确保各组盘管之间的水力平衡。

非层流状态的最小需要流量（L/s）　　　　　表 11-2

液体（按重量计）	温度 $t=-1℃$			温度 $t=10℃$		
	DN25	DN32	DN40	DN25	DN32	DN40
20%酒精	0.3	0.38	0.44	0.2	0.28	0.29
20%乙烯乙二醇	0.2	0.25	0.28	0.14	0.18	0.2
20%甲醛	0.23	0.28	0.33	0.16	0.2	0.22
20%丙烯乙二醇	0.27	0.34	0.38	0.177	0.23	0.26
水	—	—	—	0.09	0.11	0.13

11.5　地表水取水设施

地表水取水设施为泵送式地表水源热泵统的核心装置。依靠该设施，从江河湖海中取水，泵送至水源热泵机组。释热或吸热之后，再返回至江河湖海中。

11.5.1　地表水取水设施的构成

地表水的取水设施，在城市给水及工业冷却水工程中多有应用，经验成熟。

地表水的取水设施，可分为固定式及移（浮）动式两大类。其中，固定式的取水设施应用较为普通。各种常用取水设施，经整理归纳，列于表 11-3 中。

常用地表水取水设施　　　　　表 11-3

类型			简　图	要点
固定式（有集水井）	岸边取水	泵房与集水井合建式	1—1—集水井格栅；1—2—集水井进水间；1—3—集水井滤网；1—4—集水井吸水间；2—卧式或立式水泵；3—泵房	从岸边取水。集水井与泵房合建一处。布置紧凑，占地面积小，吸水管路短，管理方便，应用较多

类型			简 图	要点

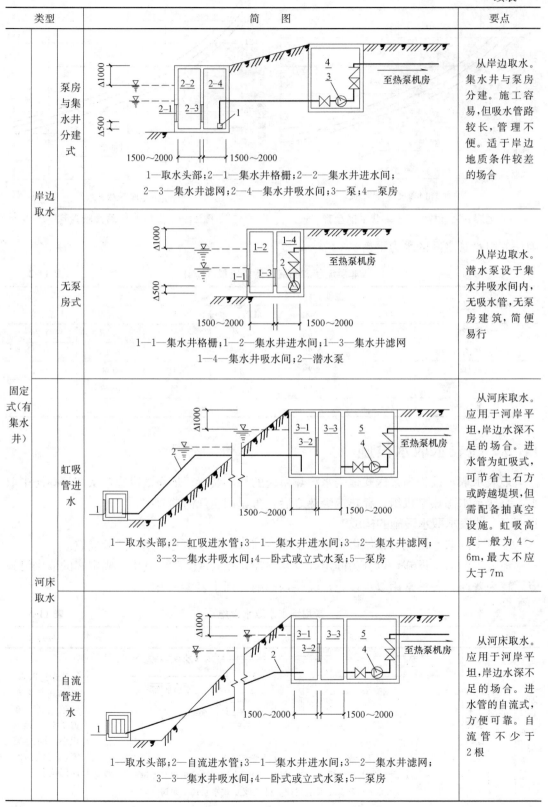

岸边取水 — 泵房与集水井分建式

1—取水头部；2—1—集水井格栅；2—2—集水井进水间；
2—3—集水井滤网；2—4—集水井吸水间；3—泵；4—泵房

要点：从岸边取水。集水井与泵房分建。施工容易，但吸水管路较长，管理不便。适于岸边地质条件较差的场合

岸边取水 — 无泵房式

1—1—集水井格栅；1—2—集水井进水间；1—3—集水井滤网
1—4—集水井吸水间；2—潜水泵

要点：从岸边取水。潜水泵设于集水井吸水间内，无吸水管，无泵房建筑，简便易行

固定式（有集水井） 河床取水 — 虹吸管进水

1—取水头部；2—虹吸进水管；3—1—集水井进水间；3—2—集水井滤网；
3—3—集水井吸水间；4—卧式或立式水泵；5—泵房

要点：从河床取水。应用于河岸平坦，岸边水深不足的场合。进水管为虹吸式，可节省土石方或跨越堤坝，但需配备抽真空设施。虹吸高度一般为 4～6m，最大不应大于7m

固定式（有集水井） 河床取水 — 自流管进水

1—取水头部；2—自流进水管；3—1—集水井进水间；3—2—集水井滤网；
3—3—集水井吸水间；4—卧式或立式水泵；5—泵房

要点：从河床取水。应用于河岸平坦，岸边水深不足的场合。进水管的自流式，方便可靠。自流管不少于2根

类型		简 图	要点
固定式(有集水井)	河床取水 自流管进水(无泵房式)	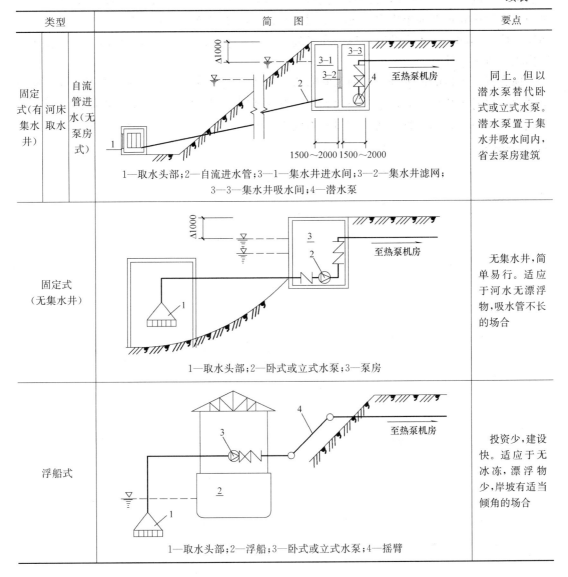1—取水头部;2—自流进水管;3—1—集水井进水间;3—2—集水井滤网;3—3—集水井吸水间;4—潜水泵	同上。但以潜水泵替代卧式或立式水泵。潜水泵置于集水井吸水间内,省去泵房建筑
固定式(无集水井)		1—取水头部;2—卧式或立式水泵;3—泵房	无集水井,简单易行。适应于河水无漂浮物,吸水管不长的场合
浮船式		1—取水头部;2—浮船;3—卧式或立式水泵;4—摇臂	投资少,建设快。适应于无冰冻,漂浮物少,岸坡有适当倾角的场合

11.5.2 地表水取水设施的选址

地表水取水设施的选址,应注意如下事项:

(1)取水设施应尽可能靠近使用水源热泵的建筑物或热泵站;

(2)取水设施的选址应综合考虑航运、排洪、地质条件及景观等多方面因素;

(3)取水设施应与城市、工厂的排水点,特别是电厂冷却水的排水点,保持一定的距离,以避免水质及水温受到影响;

(4)在河流上建造取水设施时,应选择靠近主流、河床及河岸稳定的场所。并妥善避开人工构筑物及天然障碍物的不良影响。

11.6 地表水的回水设施

在泵送式地表水源热泵系统中,地表水由取水设施泵送出水源热泵机组(直接式)或热交换器（间接式），在释热或吸热之后，需经回水设施返回原水体中。地表水的回水设施与取水设施相比要简单许多。流经水源热泵机组或热交换器的地表水，依靠泵的余压返回原水体。因此，地表水的回水设施亦可简称为地表水的回水口。地表水由回水口直接或经出水井进入水体。

地表水回水口的位置确定，最重要的是保持热泵机组或热交换器的回水不致混入其进水之中，以避免热短路的发生。当地表水取自江河时，回水口应置于取水设施的下游。而地表水取自海洋、湖泊时，回水口与取水设施之间应保证足够的水平距离或垂直高差，避免热短路的发生。

第 12 章   城市污水源热泵系统

12.1   城市污水源热泵系统的开发

城市污水由生活污水、生产污水、医院污水及雨水（非雨污分流系统）组成。城市污水在集中进入污水处理厂经二级处理，并达到国家排放标准之后，成为可向水体排放或可利用的水，称为二级出水或再生水。为与之区别，未经过处理的城市污水也称为原生污水。

城市污水的水质极为恶劣，其中含固态与液态、有机与无机等多种杂质。按照通常的水源热泵所需热源水的水质要求，是完全不合格的。但人们也注意到，在热源水所必须具备的另两个条件上，却有着较大优势。首先，水温适宜。城市污水的温度，取决于其排放时的温度以及当地气温的影响。在以其作为热泵的热源水时，其水温应据实际测定。位于严寒地区的哈尔滨市的某工程，其污水源冬季水温为 9~11℃，夏季水温为 16~18℃。而位于寒冷地区的北京某工程，其污水源冬季最低水温为 12℃，夏季最高水温为 22℃。由此可见，无论是严寒地区还是寒冷地区，均可在冬季满足热泵制热工况的需求，又可在夏季满足热泵制冷工况的需求，并可取得较高的制热系数和制冷系数。其次，其分布的普遍性与可以取用的随意性，要高于其他水源，凡临近污水干渠，且污水流量可以满足者，均有条件使用。

面临全球范围的节能减排的大趋势并基于上述两个方面的可取之处，国内外均有学者开展了以城市污水作为热泵热源水的开发研究，取得成果并建成实际工程投入运行。

瑞典、挪威等北欧国家最早使用城市污水源热泵系统用于供热。瑞典于 1981 年建成世界上第一座城市污水源热泵系统，随后有多套系统投入使用。挪威也于 1983 年推出第一套城市污水源热泵系统。

图 12-1 所示为挪威第一个城市污水源热泵系统的原理图。该图所示系统为直接式，系统采用喷淋式蒸发器，在北欧国家具有一定的代表性。城市污水经旋转式筛分器处理后，喷淋到蒸发器盘管外表面，释热于管内的热泵工质。吸热后的工质经压缩机压缩后，进入冷凝器对热网的回水进行加热，然后供出。

日本也是开发城市污水源热泵系统较早的国家。1983 年开发出如图 12-2 所示的城市污水源热泵系统。该系统为间接式装有可自动清污的壳管换热器。

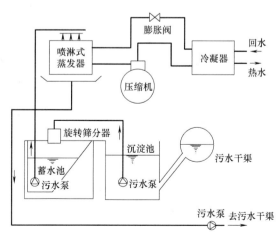

图 12-1   具有筛分器和喷淋蒸发器的直接
取水式污水源热泵系统原理图

城市污水经自动筛滤器处理后，进入换热器，与媒介水进行热交换，媒介水再进入热泵机组热源端的冷凝/蒸发器，释热或吸热。

我国于21世纪初开始关注城市污水这一热泵热源。2003年建成国内第一个城市污水源热泵系统，见图12-3。该系统为间接式装有浸泡式换热器，换热器设在污水池中，通过该换热器池中污水与媒介水进行热交换，媒介水再进入热泵机组热源端的冷凝/蒸发器，释热或吸热。

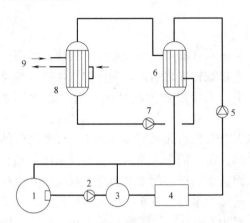

图 12-2　装有自动清污壳管换热器
的间接式热泵系统

1—污水干渠；2—污水泵；3—自动筛滤器；

4—积水池；5—污水泵；6—壳管换热器；

7—媒介水泵；8—热泵冷凝/蒸发器；9—工质管道

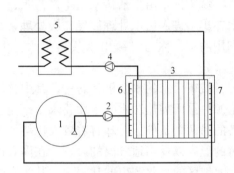

图 12-3　浸泡式污水源热泵系统

1—污水干管；2—污水泵；3—污水池及换热器；

4—清水泵；5—热泵机组冷凝/蒸发器；

6—污水分水管；7—污水集水管

12.2　城市污水源热泵系统的技术要点

12.2.1　污水过滤装置

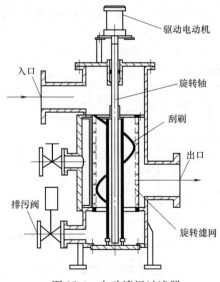

图 12-4　自动清污过滤器

以城市污水作为热泵热源，在供至换热器或热泵机组热源端的冷凝/蒸发器之前，应经过过滤，以清除漂浮物及悬浮物等杂质。由于污物在滤网上的累积会导致热阻以及流动阻力的不断增大。过滤装置应能自动反冲、清理。图12-4所示为日本开发的自动清污过滤器。过滤器由可旋转的筒状滤网、驱动电机、刮刷及排污阀等组成。筒状滤网在电机的驱动下旋转，污水经其过滤后进入热交换器。附着在滤网上的污物在旋转的过程中被刮刷刮除，然后被定期反冲并排至污水干渠或由排污阀排出。该过滤器的应用如图12-2所示，也称自动筛滤器。图12-5所示为我国自行开发的、被称为滤面水力连续自清装置的自动清污筛滤器（该图摘自文献［53］，外挡板由本书作者所加）。装置由外壳、旋转滤网、内挡板、外挡板等划分为A、B、C、D四个区域。A、B为过滤区，C、D为反冲区。污水由一级污水泵抽送至A区，经旋转到该区域的滤网过滤后进入B区，并随后由二级污水泵抽送至换热器。污水在换热器中向媒介水释热或吸热后靠水泵余压进入C区，经旋转至该区的滤网进入，D区实施对滤网的反冲清洗。进入D区的水靠水泵的余压返回污水干渠。

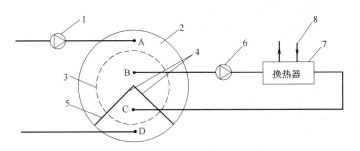

图 12-5　滤面过滤功能水力连续再生装置原理图

1——一级污水泵；2—外壳；3—旋转滤网；4—内挡板；5—外挡板；

6—二级污水泵；7—污水换热器；8—媒介水接管

12.2.2　污水换热器（冷凝/蒸发器）

城市污水经如上所述的自动清污过滤器过滤之后，充其量只能达到城市污水处理厂的一级处理标准。在进入换热器或热泵机组热源端的冷凝/蒸发器与媒介水或工质进行热交换时，会在其所在一侧的换热面产生污垢。随着污垢的不断加厚，若不及时清除，将会加大热阻，严重影响热交换的正常进行。为实现清除这些污垢的目的，在已实施的系统中，限于以下两种方式：一是采用可自动清污的管壳式换热器（见图12-2）；二是采用污水侧换热而外露的喷淋式蒸发器（见图12-1）或浸泡式换热器（见图12-3），水力冲洗或依靠人工从外部清除污垢。

图12-6所示为日本开发的污水换热器及其自动清污系统。换热器为管壳式，污水走管程，媒介水走壳程。通过污水的换热管内装有毛刷。热泵系统正常运行时，毛刷置于换热管端部的容纳器中。在需要进行清洗时，污水依靠四通换向阀在换热管内往复流动，推动毛刷在管内往复滑动，达到清除污垢的目的。

喷淋式与浸泡式换热器，或喷淋式与浸泡式冷凝/蒸发器，热交换性能差，体型庞大，占地较多。相比较而言，我国应在城市污水源热泵系统的应用中着力研发可自动清污的管壳式换热器或管壳式冷凝/蒸发器。

12.2.3　关于直接式与间接式系统

与地下水源热泵系统及地表水源热泵系统相同，城市污水源热泵系统也分为直接式系统及间接式系统两类。前述应用实例中，图12-1所示为直接式系统，而图12-2及图12-3所示，均为间

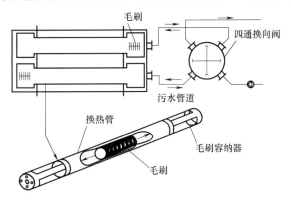

图 12-6　污水换热器及其自动清洗系统

接式系统。

如前所述,与直接式系统相比,间接式系统在初投资与运行能效上均处于劣势,但由于当前生产的水源热泵机组,其热源端的蒸发/冷凝器多为常规的、通用的,无法应对水质恶劣的城市污水的污染。这是间接式系统得以应用的主要理由。对于水—空气热泵机组,间接式系统是适宜的。而对于水—水热泵机组,则完全可以在自动清洗的壳管换热器与浸泡式换热器的基础上,转而生产出自动清污的壳管式冷凝/蒸发器与浸泡式冷凝/蒸发器,以便于推广使用直接式系统。这需要热泵生产商的配合,量体裁衣,生产出可直接用于城市污水源热泵系统的机组来。

12.2.4 应用前景展望

城市污水源热泵系统的应用,就当前而言,无论从数量上和单个系统的规模上,还是在防阻、防污、防腐等技术的开发上,在国内外、尤其在国内,尚属示范性质。其应用前景取决于如下两个方面:

第一方面,鉴于城市污水的恶劣水质,以其作为热泵机组的热源水,自动清洗的过滤装置,自动清洗的高性能换热器,尤其是自动清洗的高性能的冷凝/蒸发器等的研发进展水平,直接关系其应用前景。

第二方面,按照国家规定,城市污水在排放之前,需经二级处理。其二级处理多采用活性污泥法。活性污泥法是使微生物在曝气池中呈悬浮状态,与污水充分接触使其净化。作为影响微生物生长的重要因素,一般认为应在 20~30℃时效果最好,35℃以上和 10℃以下净化效果迅速下降。在严寒或寒冷地区,在冬季若保证不低于 10℃,往往需要采取保温与加热措施。此种情况下,若设置城市污水源热泵系统,污水在进入处理厂之前被热泵提前支取部分热量,则可能导致其水温降低,甚或加热时热量增加。因此,城市污水源热泵系统应该是最适于无污水处理的小城市。而在设有污水处理厂的城市,若采用城市污水源热泵系统,则应经权衡,并与污水处理的有关部门协调。

第13章 城镇污水处理厂再生水源热泵系统

13.1 再生水水质标准

所谓城镇污水处理厂的再生水，也称为中水或回用水，系指城市污水在经一级、二级及深化处理后，达到一定的水质标准，满足某种使用功能要求，可以进行有益回用的水。

城市污水中含城市居民的生活污水，机关、学校、医院、商业机构等各种公共设施的排水，允许排入的工业废水和初期雨水等。为使其在排放时不致污染水体环境，或可以进一步使其转化为再生水加以回用，必须在污水处理厂中进行净化处理。处理之后的出水，其基本控制项目最高允许排放浓度（日平均，单位 mg/L）列于表 13-1。该表摘自《城镇污水处理厂污染物排放标准》GB 18918—2002。排放标准中各级标准的适用场合，在国家环境保护总局 2005 年《关于严格执行〈城镇污水处理厂污染物排放标准〉的通知》中，有明确的规定：北方缺水地区实行中水回用，城镇污水处理厂执行《城镇污水处理厂污染物排放标准》中一级标准的 A 标准；其他地区若将城镇污水处理厂出水作为回用水，或将出水引入稀释能力较小的河湖作为城市景观用水，也应执行此标准。为防止水域发生富营养化，城镇污水处理厂排入国家和省确定的重点流域及湖泊、水库等封闭式、半封闭式水域时，应严格执行标准中的一级标准的 A 标准。

基本控制项目最高允许排放浓度（日平均值）（单位：mg/L）　　　　表 13-1

序号	基本控制项目		一级用水		二级标准	三级标准
			A 标准	B 标准		
1	化学需氧量（COD）		50	60	100	120[①]
2	生化需氧量（BOD_5）		10	20	30	60[①]
3	悬浮物（SS）		10	20	30	50
4	动植物油		1	3	5	20
5	石油类		1	3	5	15
6	阴离子表面活性剂		0.5	1	2	5
7	总氮（以 N 计）		15	20	—	—
8	氨氮（以 N 计）[②]		5(8)	8(15)	25(30)	—
9	总磷（以 P 计）	2005 年 12 月 31 日前建设的	1	1.5	3	5
		2006 年 01 月 01 日前建设的	0.5	1	3	5
10	色度（稀释倍数）		30	30	40	50
	pH 值		6~9			
	粪大肠菌群数（个/L）		10^3	10^4	10^4	—

① 下列情况下按去除率指标执行：当进水 COD 大于 350mg/L 时，去除率应大于 60%；BOD 大于 160mg/L 时，去除率应大于 50%。

② 括号外数值为水温>12℃时的控制指标，括号内数值为水温≤12℃时的控制指标。

再生水的回用有如下诸方面：城市绿化、冲洗等杂用水，农林牧副渔灌溉养殖等用水，景观环境用水，地下水、地表水补充用水，以及工业用水。工业用水又包括：直流冷却水，敞开式循环冷却系统补水，洗涤用水，锅炉补给水及工艺用水与产品用水等。

以再生水作为热泵的热源水，类似于工业用水中的直流冷却水。在夏季热泵供冷时，同样是以再生水作为冷却水，吸收并带走热量。而不尽相同的是在冬季热泵供热时以再生水作为热源水，释放并供给热量。

针对再生水的不同用途，在通用的排放标准（表 13-1）之外，国家尚颁布有一系列的再生用水的水质标准。"直流冷却水"的水质标准，载于《城市污水再生利用　工业用水水质》GB/T 19923—2005 中，本文摘录于表 13-2。表 13-2 与表 13-1 相比较，使用再生水作为直流冷却水的水质标准，与污水处理厂排放浓度的一级标准相近，即城市污水在经过二级处理以及某种深度处理之后，其水质完全可以满足热泵热源水的需求。此外尚应注意，再生水作为热源水在流经热泵的冷凝/蒸发器后，所含热量有得失增减，但水量并无变化，还可以用作其他方面的回用水。因此，热源水的水质应在满足表 13-2 所列标准的同时，还应按照第二用途满足相应的再生水水质标准，GB/T 18920—2002 及 GB/T 18921—2002 等。

再生水用作工业用水水源的水质标准（摘录）　　　　　　　　表 13-2

序号	控制项目	冷却用水		锅炉补给水
		直流冷却水	敞开式循环冷却系统补水	
1	PH 值	6.5～9.0	6.5～8.5	6.5～8.5
2	悬浮物(SS)	≤30	—	—
3	浊度(NTU)	—	≤5	≤5
4	色度(度)	≤30	≤30	≤30
5	生化需氧量(BOD$_5$)	≤30	≤10	≤10
6	化学需氧量(COD$_{cr}$)	—	≤60	≤60
7	铁	—	≤0.3	≤0.3
8	锰	—	≤0.1	≤0.1
9	氯离子	≤250	≤250	≤250
10	二氧化硅(SiO$_2$)	≤50	≤50	≤30
11	总硬度(以 CaCO$_3$ 计)	≤450	≤450	≤450
12	总碱度(以 CaCO$_3$ 计)	≤350	≤350	≤350
13	硫酸盐	≤600	≤250	≤250
14	氨氮(以 N 计)	—	≤10[①]	≤10
15	总磷(以 P 计)	—	≤1	≤1
16	溶解性总固体	≤1000	≤1000	≤1000
17	石油类	—	≤1	≤1
18	阴离子表面活性剂	—	≤0.5	≤0.5
19	余氯[②]	≤0.05	≤0.05	≤0.05
20	粪大肠菌群(个/L)	≤2000	≤2000	≤2000

注：① 当敞开式循环冷却水系统换热器为铜质时循环冷却系统中循环水的氨氮指标应小于 1mg/L。
　　② 加氯消毒时管末梢值。

13.2　再生水的温度状况

再生水的温度取决于原生污水的温度，以及污水在流动与处理过程中的自然或人为的热量得失。根据实地测量，在我国的北京、河北、辽宁及甘肃等地再生水的温度，夏季不高于 26℃，冬季不低于 10℃。

在夏季，对于水冷冷水机组即单冷式水—水热泵而言，水源一般来自配备有冷却塔的冷却水系统。在上述地区，其水温在 30～35℃ 或 32～37℃ 的范围内。而再生水温度在夏季不高于 26℃。若取进出水温差为 5℃，其水温工况大致为 26～31℃。相对较为优越，会有较高的制冷系数。

在更为关键的冬季，再生水温度不低于 10℃。在制热工况下，热泵热源端的进出水温差可视具体情况采用 5～8℃，都是安全的，不会在蒸发过程中产生冰冻。热泵的制热系数可以与严寒 A 区的地下水源热泵相当。

由上述可见，就再生水的温度状况而言，作为水源热泵的热源——冬季时的制热工况或夏季时的制冷工况，都是适宜的。

13.3　再生水的水量

城市污水经排水管道由各家各户、各个单位流入城镇污水处理厂，进行集中处理。按照污水的日处理量的大小，城镇污水处理厂可以划分为：大型，>10 万 m³/d；中型，≥1 万 m³/d；小型，<1 万 m³/d。

在污水处理厂中，污水不间断地流入，其再生水的产生也是不间断的。单以再生水作为水源热泵机组的热源而言，其水量是巨大的。若与地下水的供给做一比较可以看出：以沈阳市为例，单口地下水井的日供水量一般为 100～200m³/d，仅相当于中型的日处理量 2 万 m³/d 的污水处理厂的 1/100～1/200。即，日处理量 2 万 m³ 的污水处理厂可供的再生水，相当于 100～200 口地下水井的供水量。

综上所述，城镇污水处理厂的再生水，是理想的热泵热源水。以再生水作为热源的热泵系统，可用作供暖的热源、空调的冷热源；也可用于城镇污水处理厂的污泥厌氧处理，以及城镇污水处理厂曝气池水的加热。

13.4　再生水源热泵应用于供暖及空调

再生水源热泵系统用于供暖热源时，其系统如图 13-1 所示。

再生水源热泵系统用于空调冷热源时，其系统如图 13-2 所示。

再生水由污水处理厂二沉池供给，在经水源热泵机组释放或吸收热量之后，就地排出，作为其他用途。取排均极方便，但需比邻二沉池设置调节用的蓄水池。因为，第一，二沉池出水量与热泵机组所需流量不尽同步；第二，需在池中安装潜水泵；第三，不致影响二沉池内再生水沉淀过程的稳定进行。

再生水源热泵机组系统应用于供暖及空调，在国外要早在 20 世纪 80 年代。首先是瑞典等北欧国家，随后是日本。污水处理厂一般均设于城市周边，为实现供冷供热，需就近建造较大型的热泵站。瑞典早期建造的大型热泵站列于表 13-3。

在我国，最早的再生水源热泵系统建于北京高碑店污水处理厂。该系统为本厂办公楼

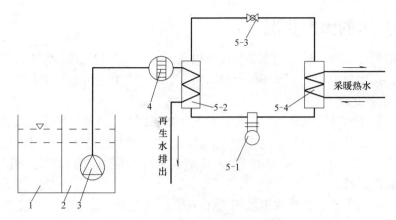

图 13-1　再生水源热泵应用于供暖

1—二沉池；2—再生水蓄水池；3—再生水给水泵；4—过滤器；5-1—热泵压缩机；5-2—热泵蒸发器；

5-3—热泵膨胀阀；5-4—热泵冷凝器

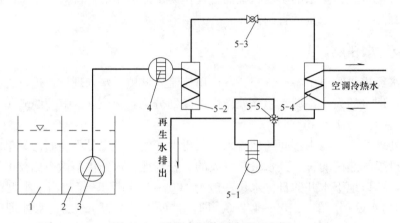

图 13-2　再生水源热泵应用于空调

1—二沉池；2—再生水蓄水池；3—再生水给水泵；4—过滤器；5-1—热泵压缩机；5-2 热泵蒸发/冷凝器；

5-3—热泵膨胀阀；5-4—热泵冷凝/蒸发器；5-5—热泵四通换向阀

等供冷及供热，服务面积约 900m²，建于 2001 年。此后，在北京、秦皇岛、石家庄及沈阳等地均有再生水源热泵投入运行，为公共建筑以及住宅建筑供冷、供热。其中，比较典型的是 2008 年北京奥运会奥运村的再生水源热泵系统。

瑞典早期大型再生水源热泵站　　　　　　　　　　　　表 13-3

地点	容量（MW）	制造厂	投入工作时间
哥德堡	27＋29	Gotaverken	1983/1984 年
	2×42	Gotaverken	1986 年
乌穆奥	2×17	Asea-Atal	1986 年
耶夫勒	14	Stal-laval	1984 年
奥斯特桑德	10	Sulzer	1984 年
厄勒布鲁	2×20	Asea-Atal	1985 年
索尔那	4×30	Asea-Atal	1986 年
斯德哥尔摩	2×20＋2×30	Asea-Atal	1986 年
伊索沃	1×80	Asea-Atal	1986 年

北京奥运村建于国家体育馆、鸟巢、水立方附近。奥运会期间作为公寓，供运动员及教练员住宿之用。奥运会结束之后作为商品住宅出售。总建筑面积约41.325万 m^2。夏季采用风机盘管空调系统，冬季采用地面辐射供暖，其供暖空调冷热负荷及冷热媒参数见表13-4。

奥运村冷热负荷及冷热媒介温度　　　　　　　　　表 13-4

面积	冷负荷	热负荷	冷水温度	热水温度	备注
41.325 (万 m^2)	29980kW	—	7℃/12℃	44℃/38℃	比赛时
	22384kW	19940kW			比赛后

北京奥运会奥运村供暖及空调的冷热源，曾有4个备选方案：

方案一：再生水源热泵系统，冬季供暖，夏季供冷；

方案二：燃气直燃机，冬季供暖，夏季供冷；

方案三：市政热网冬季供暖，电动冷水机组夏季供冷；

方案四：地下水源热泵系统，冬季供暖，夏季供冷。

北京奥运村位于清河畔奥林匹克公园的南侧，清河污水处理厂的再生水在距其约3.6km处排入清河。排水量7.5万 m^3/d，具备采用再生水作为热泵热源的便利条件。

在经水文地质勘探之后，4个备选方案中的地下水源泵系统因不具备条件而首先被否决。

在余下的三个方案中，经过技术经济比较，再生水源热泵系统在初投资、运行费用，特别是在节能减排方面占有优势，而被采纳。同时，这一方案也体现了"绿色奥运，科技奥运，人文奥运"的理念。

再生水源热泵系统采用间接式。热泵设于奥运村地下机房内，中间换热装置设于机房之外的热交换站内。换热站位于热泵机房与再生水取水点之间，距热泵机房2.7km，距取水点0.9km。再生水由污水处理厂的排放管中靠位差进入容积为3000 m^3 的蓄水池，然后经外管线泵入热交换器，对媒介水释热或吸热后排入清河。为避免可能的污垢影响换热，设置了自清洗过滤器，并采用自清洗换热器。经换热之后的媒介水由换热站供至热泵机房。再生水与媒介水的温度参数见表13-5。

再生水与媒介水温度参数　　　　　　　　　表 13-5

季节	再生水		媒介水	
	供水	回水	供水	回水
冬季	12.5℃	7.5℃	10℃	5℃
夏季	25.9℃	35.9℃	28.4℃	38.4℃

再生水源热泵，根据奥运村的总热负荷为19940kW，选用供热量为5247kW的离心式机组4台，总供热量5247kW×4=20988kW。机组单台供冷量5331kW，4台总供冷量5331kW×4=21324kW。与总冷负荷差额部分另选单冷式热泵机组（水冷冷水机组）3台，单台冷量3500kW，3台合计冷量10500kW，与热泵机组供冷量之和为31824kW，满足比赛时总冷负荷29980kW的需求。在比赛后的运行中可只投入一台，与热泵机组供冷量之和为24824kW，可满足比赛后总冷负荷22384kW的需求。水源热泵机组及单冷式水

源热泵机组（水冷冷水机组）的参数见表 13-6。

水源热泵机组及冷水机组参数 表 13-6

名称 参数	台数	制热				制冷			
		制热量 (kW)	功率 (kW)	COP_h	水源流量 (m^3/h)	制冷量 (kW)	功率 (kW)	COP_c	水源流量 (m^3/h)
水源热泵机组	4	5247	1345	3.95	671	5331	1025	5.2	547
水冷冷水机组	3					3500	673	5.2	359

在机组选型时，考虑了冷热水供回水及热源水供回水管道的温升或温降。由表 13-6 可见，再生水的最大需求量见于夏季制冷工况。再生水量合计为：

$$547 \times 4 + 359 \times 3 = 3265 m^3/h$$

按实际需求冷量折算，应为：

$$3265 \times 3265 \times \frac{29980}{5331 \times 4 + 3500 \times 3} = 3265 \times \frac{29980}{31824} = 3076 m^3/h$$

若机组在 24h 内均为满负荷运行，则需水量为：

$$3076 \times 24 = 73824\ m^3/d = 7.3824 万\ m^3/d$$

污水处理厂再生水排水量为 7.5 万 m^3/d，大于需求量（7.3824 万 m^3/d），可以满足需求。

13.5 再生水源热泵应用于污泥厌氧处理

城镇污水处理厂中，随着污水的处理过程，会有大量的污泥产生。这些污泥中含有有机物质，容易腐败而成为新的污染源。因此，污泥的处理与处置——浓缩减量化、稳定化、无害化及资源化，势在必行。《城镇污水处理厂污染物排放标准》GB 18918—2002 中规定，城镇污水处理厂的污泥应进行稳定化处理，并给出了采用各种稳定化方法时的控制指标。

厌氧消化是污泥稳定化的常用方法。厌氧消化有中温消化（33～36℃）及高温消化（50～53℃）两种方式。较之中温消化，高温消化有卫生条件好、消化时间短、消化池容积小、产气量多等优点。但由于其消化温度高，利用燃煤或燃气锅炉进行加热时，会消耗较多的燃料并对大气形成污染。

有学者提出，就近取用再生水作为水—水热泵热源，由热泵提供 60～70℃ 的热水，对厌氧消化过程进行加热的方案（见图 13-3）。

由图 13-3 可见，由污水处理厂初沉池及二沉池排出的含水率为 99％ 的污泥，经浓缩池内浓缩至含水率为 96％，进入预热设备被厌氧反应器排出的高温污泥加热，升温后进入预处理槽。在预处理槽中被热泵机组提供的热水进一步加热，然后进入厌氧反应器中进行厌氧消化。热泵机组所供热水温度为 60～70℃，以保证厌氧消化在 50～53℃ 的温度下进行。

厌氧反应器在污泥消化中产生的沼气进入沼气收集器中，作为风机的动力——沼气内燃机的燃料。

据测算，图 13-3 所示技术方案节能效果明显。热泵的制热系数 COP_h 取为 4.0，发电

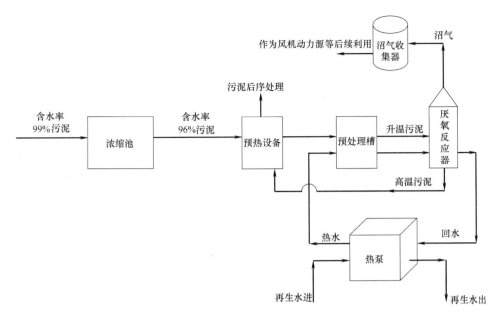

图 13-3 再生水源热泵系统应用于厌氧的技术路线

效率为 0.31，燃煤锅炉效率取为 0.7，其能源利用率要高出 70%。若以沼气内燃机驱动曝气用风机，可替代其 40% 的电耗。再生水取用温差为 5℃ 时，再生水源热泵系统所需再生水流量约 2000t/d，约占再生水日排放量的 2%，其余部分尚可作为其他用途的热泵的热源。

13.6 再生水源热泵应用于曝气池水加热

活性污泥法是城镇污水处理厂中二级处理最为普遍的方法。城市污水经一级处理之后，进入二级处理程序，与回流污泥在曝气池中汇合成为混合液体，并在其中通入空气。在空气搅拌下，城市污水与活性污泥充分接触，在足够溶解氧的情况下，污水中的有机物被活性污泥中的微生物群体分解而得到去除。然后，进入二沉池，活性污泥沉淀于池底，处理后的污水从二沉池上部的出口流出，即所谓的二级出水或中水。因其可按需用于城市杂用、农业灌溉及工业冷却水等方面，又称回用水或再生水。

曝气池——作为城市污水二级处理的核心装置，池中水温是影响微生物生长的重要因素。水温在 20~30℃ 对效果最好，35℃ 以上和 0℃ 以下，处理效果迅速下降。对于需要进行硝化反应时，适宜的温度为 30~35℃，当水温低于 15℃ 时，硝化反应速度会迅速下降。因此，在严寒及寒冷地区，必须对曝气池加装保温措施，并在冬季对鼓入的空气或池水进行加热，以保证必需的池水温度，使污水处理正常运行。

加热过程所消耗的热能被污水吸收，并在净化成再生水之后，随二级出水排掉，造成浪费。有学者提出，再生水源热泵应用于曝气池水加热的方案（见图 13-4）。即以再生水为热源，采用水—水热泵机组对原生污水进行加热，使热能由再生水反馈回原生污水，来达到节能的目的。若取热泵的制热系数为 4.0，发电效率为 0.31，燃煤锅炉的效率为 0.7，则节能约 70%。

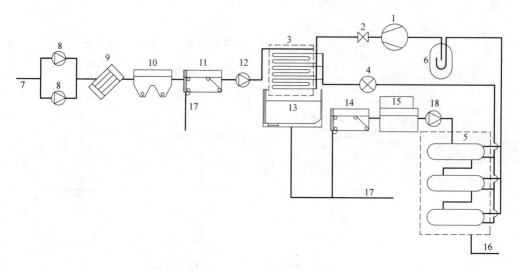

图 13-4 再生水—污水热泵系统

1—压缩机；2—单向阀；3—三级淋激式冷凝器；4—膨胀阀；5—蒸发器；6—气液分离器；7—原生污水入口；
8—污水泵；9—格栅；10—沉砂池；11—初沉池；12—注水泵；13—曝气池；14—二沉池；15—消毒用接触池；
16—再生水出口；17—污泥排放管；18—再生水泵

由图 13-4 可见，该再生水—污水热泵系统的流程。作为热源的、污水处理厂的二级出水——再生水，由消毒用接触池引出，用泵送至热泵机组的蒸发器，释放热量之后排出。进入的城市污水经格栅、沉砂池及初沉池等处理之后达到一级处理标准，靠注水泵喷淋至冷凝器的换热表面，被加热后落入曝气池。考虑到污水在换热表面形成污垢的可能，建议使用淋激式冷凝器，并对其传热机理进行深入的研究。淋激式冷凝器形式开放，易于日常清洗维护。污水喷淋至水平换热管上，形成液膜，呈层流流下，换热效率高于浸泡式。同时，污水在喷淋换热管表面时，与空气接触，起到预曝气的作用，减少了曝气所需的鼓风量。考虑到加热污水需要较大温差（10～15℃），采用了工质侧并联、污水侧串联的三级淋激式。

第14章 火电厂冷却水源热泵系统

14.1 应用

使用火力发电厂凝汽式发电机组凝汽器的冷却水作为热源的热泵系统,称之为火力发电厂冷却水源热泵系统。火力发电厂主要由锅炉、汽轮机、发电机及凝汽器组成。锅炉依靠煤炭等燃料的燃烧生产蒸汽,蒸汽推动汽轮机旋转,同时带动发电机发电,成为乏汽之后排至凝汽器。乏汽在凝汽器中受空气或水的冷却凝结成水,泵送回锅炉,形成循环。凝汽器的冷却方式有两种:即风冷式与水冷式。水冷式又有两种:江河湖海等地表水直流式和配备冷却塔的冷却水循环式。凝汽器在乏汽凝结的过程中,其凝结热排放于大气或江河湖海。各种凝汽器的冷却方式,以配备冷却塔的冷却水循环式居多。

乏汽凝结热之所以排放而一般不予利用,原因在于其品位偏低。以水冷式为例,乏汽压力仅 $4 \sim 8 \mathrm{kPa}$,其冷凝温度约为 $29 \sim 41.5 ℃$。由于换热温差的存在,循环冷却水的温度会更低,其所含热能难以利用。但在热泵普遍应用的今天,依靠水源热泵来提取循环冷却水的热能则成为可能。以火电厂冷却水作为水源热泵机组的热源有如下优势:

(1)水温适宜。凝汽器中的冷凝温度为 $29 \sim 41.5 ℃$,由于换热温差的存在,冷却水温度要低于 $29 \sim 41.5 ℃$,既适合于热泵机组的制热工况,亦适合于热泵机组的制冷工况。

(2)乏汽凝结热,也称冷端损失,占比巨大。若能回收,其节能减排效果明显。由表14-1可见,纯凝汽工况时,发电效率为 31.2%,而冷端损失高达 54.8%;热电工况,视抽汽量的不同,冷端损失也高达 $23.6 \% \sim 37 \%$。

35MW 供热发电机组效率状况 表 14-1

工况	进汽量(t/h)	抽汽量(t/h)	(热)电厂效率(%)	各项损失(%)			
				锅炉热损失	管道汽轮机损失	发电机损失	冷端损失
凝汽工况	138	0	31.2	11	2	1	54.8
热电工况(1)	164	40	49	11	2	1	37
热电工况(2)	190	80	62.4	11	2	1	23.6

(3)水质为闭式或开式冷却塔循环水,可完全满足热泵机组热源端冷凝/蒸发器的要求。

(4)取用方便,无需打井,也无需在地下埋管通过媒介水向岩石土壤吸热或释热。

14.2 系统图式

14.2.1 单纯供热系统图式 (图14-1)

在火电厂冷却水源热泵系统中,单纯供热的系统应用较多。水源热泵的蒸发器,与冷

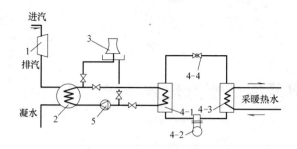

图 14-1 热泵供热系统图

1—汽轮机；2—凝汽器；3—冷却塔；4-1—热泵蒸发器；4-2—热泵压缩机；

4-3—热泵冷凝器；4-4—热泵膨胀阀；5—冷却水循环泵

却塔在供暖期各自单独工作或同时工作。在供暖期结束后，只冷却塔单独工作。若热泵供水温度不能满足供暖要求，可加装升温加热器。加热器以汽为热媒。升温加热器部分参照图 14-4。

14.2.2 供热供冷系统图式（图14-2，图14-3）

在单纯供热的系统图式中，利用水源热泵提取凝汽器冷却水中的热量，可免去或减少冷却塔的作用。但在供冷模式下，热泵机组的冷凝器与汽轮机的排汽凝结会同时向冷却水中排热。供热模式时的一方释热与另一方吸热的互补，已不存在。冷却塔的负担要加大。为此，必须加大冷却塔的能力，或另设热泵制冷专用冷却塔（见图 14-3）。以满足制冷模式的需求。

图 14-2 所示系统，冷却塔兼凝汽器冷却水及热泵制冷时冷却水的散热。因此在设计阶段即应考虑冷却塔能力的加大。供暖期，热泵与冷却塔单独或同时运行。过渡季只冷却塔及其冷却水泵运行。在夏季进入制冷模式时，热泵制冷专用冷却水泵投入运行。

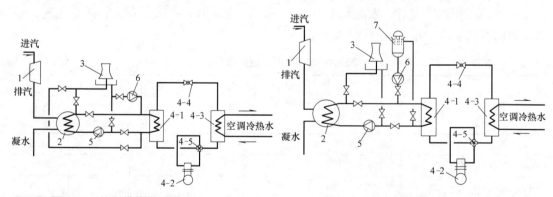

图 14-2 热泵供冷供热系统图（一）

1—汽轮机；2—冷凝器；3—冷却塔；

4-1—热泵热源端蒸发/冷凝器；4-2—热泵压缩机；

4-3—热泵负荷端蒸发/冷凝器；4-4—膨胀阀；

4-5—四通换向阀；5—冷却水泵；

6—热制冷工况冷却水泵

图 14-3 热泵供冷供热系统图（二）

1—汽轮机；2—凝汽器；3—冷却塔；

4-1—热泵热源端蒸发/冷凝器；4-2—热泵压缩机；

4-3—热泵负荷端蒸发/冷凝器；4-4—膨胀阀；

4-5—四通换向阀；5—冷却水泵；6—热泵制冷

工况冷却水泵；7—热泵制冷工况专用冷却塔

图 14-3 所示系统，设有热泵制冷专用冷却塔及冷却水循环泵。在供暖期和过渡季节的运行与图 14-2 系统相同。在夏季进入供冷模式时，热泵制冷专用冷却塔及冷却水循环

泵投入运行。

14.2.3 使用吸收式热泵的系统图式（图 14-4）

利用火电厂的方便条件，采用溴化锂吸收式热泵以汽轮机抽汽作驱动能源。图 14-4 所示为某电厂一期工程的实施方案。热泵供/回水温度 90℃/60℃，供水温度经升温加热器提升至 105℃，作为一次水供至用户热交换站。蒸汽溴化锂吸收式热泵的制热系数约为 1.7～1.8。表 14-1 所列的热电工况（1），在设置了蒸汽溴化锂吸收式热泵回收凝结热之后，其冷端损失由 37% 降为 1%，热电厂的效率由 49% 提升为 85%。

14.2.4 对锅炉给水实施反馈加热的热泵系统图式（图 14-5）

在上述图式中（图 14-1～图 14-4），火电厂冷却水源热泵系统为供暖系统提供热源，或为空调系统提供冷热源。而图 14-5 所示水源热泵系统则用于加热凝汽器产生的凝结水，提高其温度后泵回锅炉。这样，发电机组凝汽器冷却水中所含的低品位凝结热，经热泵回收，反馈给锅炉给水——凝汽器所产生的凝结水。凝结水水温提高，达到节省锅炉燃料的目的。以 300MW 火电机组为例，运行 7200h，热泵制热系数 $COP_h = 3.5$，凝结水由 30℃ 加热至 85℃，煤的热值 5500kcal/kg。可年节煤 20102t、CO_2 减排 8844t、SO_2 减排 402t、烟尘减排 301t，灰渣减排 5226t。

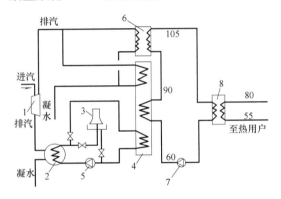

图 14-4　使用吸收式热泵的供热系统

1—汽轮机；2—凝汽器；3—冷却塔；4—吸收式热泵；
5—冷却水泵；6—升温加热器；7—一次水循环泵；
8—一、二次水换热器

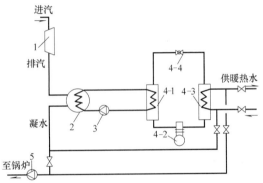

图 14-5　对锅炉给水实施反馈加热的热泵系统

1—汽轮机；2—凝汽器；3—冷却水泵；4-1—热泵蒸发器；
4-2—热泵压缩机；4-3—热泵冷凝器；4-4—热泵膨胀阀；
5—锅炉给水泵

图 14-5 中在引用时去掉了冷却塔。因为在水源热泵正常运行时，可以保证凝汽器冷凝热的正常散发，取消冷却塔是没有问题的。对于凝汽式发电机组而言，取消冷却塔应该是一项尝试。

在图 14-1～图 14-4 所示为供暖或空调提供热源系统中，其运行时间仅限于大约半年之内的供暖期内。供暖期之外的大于半年的时间内，凝结热仍会由冷却水携带经冷却塔散入大气，而得不到回收。但在图 14-5 所示的系统中，则可以在发电机组的全年运行中照常进行凝结热的回收。

14.2.5 供暖兼对锅炉给水加热的热泵系统图式（图 14-6）

在有供暖需求的场合，而在非供暖期又拟对凝结热进行回收时，可采用图 14-6 所示的热泵系统。

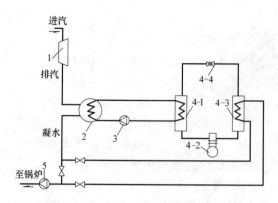

图 14-6　供暖兼对锅炉给水加热的热泵系统

1—汽轮机；2—凝汽器；3—冷却水泵；4-1—热泵蒸发器；4-2—热泵压缩机；

4-3—热泵冷凝器；4-4—热泵膨胀阀；5—锅炉给水泵

　　供暖期内，可采用火电厂冷却水源热泵系统进行供暖，而在供暖期之外的时间内，依靠该热泵系统转而对锅炉给水进行加热。以在全年内实现火电厂凝结热的回收。

第15章　水环热泵系统

15.1　水环热泵系统的构成及运行方式

水环热泵系统（Water-Loop Heat Pump Systems，WLHPS）是水—空气热泵机组的一种应用系统。该系统20世纪60年代出现于美国。20世纪80年代末进入中国，在北京、上海、广州、深圳等地均有应用，系统构成见图15-1。系统中，水—空气热泵机组与排热装置、加热装置等辅助设备之间以水管相连。为保证各水—空气热泵机组随时按需灵活运行，其间水管选择双管并联。在整个系统充满水并启动循环水泵，系统内的水便会流经各水—空气热泵机组及其辅助设备，形成循环。在夏季，各房间的水—空气热泵机组均处于制冷工况时，机组排热至循环水并经排热装置散入大气，以保证水—空气热泵机组进水温度不高于30~33℃（见排热装置选型）。在

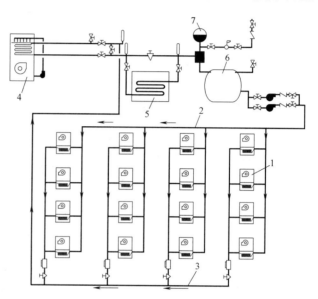

图 15-1　水源热泵系统图式
1—水—空气热泵机组；2—供水管道；3—回水管道；
4—排热装置；5—加热装置；6—蓄热水箱；7—定压装置

冬季或过渡季，各房间的水—空气热泵机组则按照本房间的需求处于制热工况，或者制冷工况。此时系统中的循环水作为热源向处于制热工况的热泵供热，同时作为热汇需容纳处于制冷工况的热泵的排热。由于这种热的转移，加热装置及排热装置因此无需运行，或无需满负荷运行。当向水内的排热量不足以补偿由水中的取热量时，加热装置才投入运行，以保证水—空气热泵机组的进水温度不低于13℃。

15.2　水环热泵系统的特点

由上述水环热泵系统的构成及运行方式可见，其主要特点是：

（1）各房间的水—空气热泵机组可不受季节等方面的限制，完全按照本房间的需求，进入制热工况或制冷工况，满足人的舒适要求。单就此点而言，可与四管制风机盘管系统相媲美。

（2）系统中部分水—空气热泵机组处于制冷工况，排热至循环水中。同时，另一部分

水—空气热泵机组处于制热工况，由循环水中吸取热量。这种热以循环水为媒介，在不同运行工况的热泵之间转移、利用，称为热回收。其结果节省了能量消耗及运行费用。

（3）水环热泵系统中所使用的水—空气热泵机组的性能系数，与大气—空气热泵机组、大气—水热泵机组、水—水热泵机组（含单冷式机组—水冷冷水机组）等粗略比较，见表 15-1。表 15-1 的数据摘自第 4 章表 4-3、表 4-13 及第 5 章表 5-2、表 5-6 及表 5-7。

各类型热泵机组性能系数比较

表 15-1

热泵机组类别	大气—空气热泵	大气—水热泵	水—空气热泵	水—水热泵	水冷冷水机组
制冷系数 COP_c	≈ 2.9	≈ 2.9	$3.6 \sim 4.2$	$6.1 \sim 6.2$	≈ 5.7
制热系数 COP_h	≈ 3.0	≈ 3.1	$4.0 \sim 4.3$	$4.8 \sim 4.9$	—

由表 15-1 的比较可见，水环热泵系统所使用的水—空气热泵机组的性能系数要大于大气—空气热泵机组及大气—水热泵机组，但与水—水热泵机组及水冷冷水机组相比，有着较大差距。

15.3　水环热泵系统的应用

水环热泵系统的应用，应在能充分体现该系统的优势的场合，即其特点的（1）与（2）两个方面。首先，各房间的水—空气热泵机组应该有分别进入制热或制冷工况的需求，即特点（1）的运行灵活性的优势。特点（2）是以特点（1）为基础的，无运行灵活性的需求，亦即无热回收的可能。有鉴于此，水环热泵空调系统的适用场合，应具备如下条件：

（1）使用水环热泵系统的建筑，应有明显的周边区（亦称外区）——靠近建筑物外围结构的区域和内区——远离建筑外围护结构的两部分。夏季，周边区由于外围护结构、太阳辐射等外部得热，以及人员、照明、设备等内部得热形成空调冷负荷。而内区仅由于人员、照明、设备发热等内部得热形成空调冷负荷。因此，不论周边区还是内区，整栋建筑物的水—空气热泵机组均处于制冷工况。各机组向系统循环水的排热由排热装置排至大气。冬季或过渡季，周边区由于外围护结构的耗热大于内部人员、照明、设备等的散热，形成空调热负荷。其水—空气热泵机组处于制热工况。而内区并无外围护结构的耗热，由于人员、照明、设备等的散热形成空调冷负荷，其水—空气热泵机组仍处于制冷工况。内区制冷运行的水—空气热泵机组排热至系统循环水。而周边区制热运行的水—空气热泵机组则取热于系统的循环水，以此形成热的回收。内区面积大，发热多，则热回收的效益亦大。反之，则热回收的效益小。因此，建筑物的内区较大，发热较多，对于水环热泵系统的应用是适宜的。

（2）我国地域辽阔，按照建筑热工设计气候分区可分为严寒、寒冷、夏热冬冷及夏热冬暖地区。单就热回收的效益而言，水环热泵系统并非全国各地均适应。比如夏热冬暖地区，即使在建筑物的周边区，冬季一般也并无供热要求。在标准较高时，其水—空气热泵机组即使短时间进入制热工况，耗热量也很少。热回收的经济效益与其性能系数偏低形成的耗电增加相比，往往会得不偿失。而其所装置的水—空气热泵机组若均为单冷式，系统中只有排热装置并无加热装置时，其实质已非水环热泵系统，而是为单冷式水—空气热泵机组，即水冷空调器配套的冷却水循环系统。

在水环热泵系统中，在水—空气热泵机组选型确定之后，系统运行的经济性主要取决于排热装置的耗电，以及加热装置的耗热。为求经济性的最大化，在系统中引进热源水——地下水及地表水等，或地埋管热能交换系统的媒介水，取消排热装置及加热装置，无疑是节能的理想方案。但应该注意的是，此时的水环热泵系统已应改称为地源热泵系统。这在《地源热泵工程技术指南》中有明确诠释："多区域的地源热泵系统是单区域地源热泵系统与传统的多区域水环热泵（Water Loop Neat Pamp，WLHP）结合的自然产物，而这种水环热泵已经在北美的建筑中应用了近 30 年。地源热泵诞生于 20 世纪 80 年代中期，商业/公用地源热泵系统可以实现水环热泵系统的所有优点并且还能够节省相当可观的运行开支。在冬季，用来保证环路水温的，传统的锅炉热能被可再生的地热取代，甚至散热装置也可以被取消，特别是在那些年需热量和排热量近似平衡的建筑中，这将可以进一步地降低运行开支。"

15.4 水环热泵系统的主要设备选型

15.4.1 水—空气热泵机组

如前所述，水环热泵系统为水—空气热泵机组的一种应用系统。因之，水—空气热泵机组在系统中当属核心设备。水—空气热泵机组的选型步骤如下：

1. 机组形式的选择

水—空气热泵机组如第 5.1.2 节所述，包括整体式、分体式及多联式三种。每种机组或其室内机，有卧式与立式、悬吊式与落地式、明装和暗装等多种形式。应根据建筑具体情况，安装部位及静音要求等做出适当选择。

2. 机组容量的确定

应以热负荷、逐项逐时冷负荷、湿负荷及 h-d 图为基础，计算出所需的最大冷、热量，按厂家样本资料（或如第 5 章表 5-2、表 5-3、表 5-4 所列）选定机组型号。

依据 GB/T 19409—2013，水—空气热泵机组的名义制冷工况：室内温度 DB27℃/WB19℃，进/出水温度 30℃/35℃；名义制热工况：室内温度 DB20℃/WB15℃，进水温度 20℃。产品样本中列出名义工况下的额定冷、热量。当实际的设计工况与之存在差别时，应对其冷、热量进行修正。

15.4.2 排热装置

水—空气热泵机组在制冷运行时，其冷凝热要释放到系统的循环水中。在夏季，当周边区及内区的水—空气热泵机组均处于制冷工况时，系统中循环水的温度因热的积聚而不断提高。在达到 35℃时，即应启动排热装置散热至大气。

水环热泵系统的排热装置推荐使用闭式蒸发式冷却塔，或开敞式冷却塔与板式换热器的组合。

冷却塔及板式换热器选型的主要参数是：

（1）循环水量（m³/h）：等于所有水—空气热泵机组制冷工况实际水流量之和；

（2）出水温度及温差（℃）：按国家标准 GB 1997—7190.1，冷却塔出水温度高于夏季室外空调计算湿球温度 4℃，进出水温度差取为 5℃；

（3）在采用开敞式冷却塔与板式换热器的组合方式时，换热温差可取为 1～2℃。

15.4.3 加热装置

在冬季或过渡季，当内区的制冷运行的水—空气热泵机组向系统水中的放热，不足以补偿周边区制热运行的水—空气热泵机组从系统水中的吸热时，水温会逐渐下降。在水温降到13℃时，则需启动加热装置，以保证周边区的水—空气热泵机组正常制热。

水环热泵系统的加热装置有以下两种形式：

（1）在系统中集中设置，用以加热系统中的循环水，如图15-1所示。

这种集中设置的加热装置，可以是使用较高温度一次水的换热器，也可以是使用电或燃气的锅炉。加热装置的加热量应等于建筑热负荷减去水—空气热泵机组制热运行时的输入功率，即：

$$Q_U = Q_B - \frac{Q_B}{COP_h} = Q_B\left(\frac{COP_h - 1}{COP_h}\right) \tag{15-1}$$

式中　Q_U——加热装置的加热量，kW；

　　　Q_B——建筑物热负荷，kW；

　　COP_h——水—空气热泵机组制热系数。

水—空气热泵机组的制热系数若按表15-1取为4.2～4.3，则可按上式得出：

$$Q_U = Q_B(0.76 \sim 0.77) \tag{15-2}$$

（2）另一种加热方式是，将加热装置——热水盘管或电加热器分散设于各水—空气热泵机组内。

在系统水温高于13℃时，水—空气热泵机组处于正常的制热工况，空气由热泵机组的冷凝器进行加热。但在系统水温低于13℃时，机组中的压缩机停止运行。由分散设置的热水盘管或电加热器对室内空气进行加热。机组所需热量应等于所在房间的建筑热负荷。

无论集中设置还是分散设置的加热装置，若使用电力时，均应遵守《公共建筑节能设计标准》GB 50189—2015 的相关规定。

15.4.4 蓄热水箱

水环热泵系统中设置蓄热水箱，系统的水容量增加，其作用有如下几点：

（1）在冬季或过渡季，周边区制热运行的水—空气热泵机组，依赖其与内区制冷运行的水—空气热泵机组之间的热转移，系统在加热装置无需启动的状态下运行。但在系统水温一旦低于13℃时，便需启动加热装置。设置蓄热水箱后，由于系统水容量的增加，可延后加热装置的启动。

（2）系统水容量的增加，同样可延后排热装置的启动。

（3）在采用夜间回置时，可满足早晨预热时的热量需求。

蓄热水箱的容积可视系统的需求及实际情况经计算得出，也可按估算指标确定其容积。估算指标为 10～20L/kW，一般取为 13～15 L/kW 较合理。

15.4.5 循环水泵

（1）循环水泵可按一用一备配比设置。

（2）循环水泵流量应与冷却装置流量相同。

（3）循环水泵扬程应等于系统中管道、配件及设备等的阻力之和。

15.4.6 定压补水装置

与空调水系统定压补水装置相同，此处从略。

15.4.7　自动控制

为保证水环热泵系统的舒适、经济以及安全运行，自动控制是必不可少的。水环热泵系统的自动控制主要包括如下内容：

1. 水—空气热泵机组的控制

（1）运行模式设定：含冷、热、自动三种模式；

（2）室温设定及自控；

（3）机组开关、风机开关。

2. 排热装置控制

排热装置依据系统水温进行控制，感温器设于排热装置出口处。假定排热装置的设计进/出水温度为37℃/32℃，其控制按水温阶段进行，如：

（1）水温升至29℃时，风阀打开；

（2）水温升至30℃时，喷淋泵启动；

（3）水温升至31℃时，风机低速运行；

（4）水温升至32℃时，风机高速运行；

（5）排热装置出现故障，水温升至40℃时，"高温"指示灯亮；

（6）水温升至46℃时，"高温停机"指示灯亮，水—空气热泵机组停止运行。

3. 加热装置控制

感温器装于加热装置入口处，根据水温的升降，加热装置的控制举例如下：

（1）水温降至13℃时，加热装置开始运行；

（2）水温升至16℃时，加热装置停止运行；

（3）加热装置出现故障，水温降至7℃时，"低温"指示灯亮；

（4）水温降至4℃时，"低温停机"指示灯亮，水—空气热泵机组停止运行。

参 考 文 献

[1] 陆耀庆主编. 实用供热空调设计手册（第二版）. 北京：中国建筑工业出版社，2008.
[2] 尉迟斌主编. 实用制冷与空调工程手册. 北京：机械工业出版社，2001.
[3] 徐伟主编. 地源热泵技术手册. 北京：中国建筑工业出版社，2011.
[4] [美]雷伊. D. A 等. 热泵的设计和应用——工厂经理、工程师、建筑师和设计师的实用手册. 陈特鎏译. 北京：国防工业出版社，1985.
[5] 徐邦裕等. 热泵. 北京：中国建筑工业出版社，1988.
[6] 彦启森、石文星、田长青. 空气调节用制冷技术. 北京：中国建筑工业出版社，2004.
[7] 李树林. 制冷技术. 北京：机械工业出版社，2003.
[8] 刘卫华. 制冷空调新技术及进展. 北京：机械工业出版社，2005.
[9] 汪训昌. 关于国外电热泵的发展道路及其模式——兼谈洋为中用的几点借鉴. 暖通空调，1994，24（2）：22～26.
[10] 汪训昌. 关于国外电热泵的发展道路及其模式——兼谈洋为中用的几点借鉴（续）. 暖通空调，1994，24（3）：19～23.
[11] 马最良等. 热泵技术应用理论基础与实践. 北京：中国建筑工业出版社，2010.
[12] 郑鹏. 直接膨胀式土壤源热泵的实验研究. 北京：北京工业大学，2008.
[13] 王晓涛等. 直接膨胀式土壤耦合热泵系统研究进展. 暖通空调，2007，37（11）：40～42.
[14] 杨灵艳. 国际热泵技术发展趋势分析. 暖通空调，2012，42（8）：1～8.
[15] 汪训昌. 正确理解解释与应用 ARI550/590 标准中的 IPLV 指标. 暖通空调，2006，36（11）：46～50.
[16] 余中海等译. 冷水机组标定的进一步解读. 暖通空调，2011，41（4）：50～57.
[17] 吴成斌等. 一种冷水机组季节性能评价新指标与多台机组联合运行性能评价. 暖通空调，2012，42（8）：9～16.
[18] 吴成斌等. 冷水机组季节性能评价新指标 SPLV 和 IPLV 的比较. 暖通空调，2012，42（12）：36～38.
[19] 刘新民. 对 IPLV 的学习和研究（1）：定义解释. 暖通空调，2011，41（9）：23～27.
[20] 刘新民. 对 IPLV 的学习和研究（2）：应用讨论. 暖通空调，2012，42（5）：31～35.
[21] GB 50366—2005 地源热泵系统工程技术规范（2009 年版）. 北京：中国建筑工业出版社，2009.
[22] 汪训昌. 关于发展地源热泵系统的若干思考. 暖通空调，2007，37（3）：38～43.
[23] 殷平. 地源热泵在中国. 现代空调，2001，第 3 辑，11～32.
[24] [美]美国制冷工程师协会. 地源热泵工程技术指南. 徐伟等译. 北京，中国建筑工业出版社，2006.
[25] 马最良，吕悦主编. 地源热泵系统设计与应用. 北京：机械工业出版社，2007.
[26] 姚杨等. 水环热泵空调系统设计（第二版）. 北京：机械工业出版社，2007.
[27] 蒋能照主编. 空调用热泵技术及应用. 北京：机械工业出版社，1997.
[28] 谢汝镛. 地源热泵系统的设计. 现代空调，2001，第 3 辑：33～74.
[29] 丁勇. 地热源热泵系统实验研究综述. 现代空调，2001，第 3 辑：11～32.
[30] 张旭. 土壤源热泵的实验及相关基础理论研究. 现代空调，2001，第 3 辑：75～87.
[31] 肖益民. 地源热泵空调系统的设计施工方法及应用实例. 现代空调，2001，第 3 辑：88～100.
[32] 方肇洪等. 竖直 U 型管地源热泵空调系统的设计与安装. 现代空调，2001，第 3 辑：101～105.
[33] 中国建筑标准设计研究院. 地源热泵冷热源机房设计与施工. 北京：中国计划出版社，2006.

[34] 马宏权，龙惟定. 地埋管地源热泵系统的热平衡. 暖通空调，2009，39（1）：102～106.

[35] 花莉等. 基于 TRNSYS 的土壤源热泵热平衡问题的影响因素分析. 建筑节能，2012，40（3）：23～49.

[36] 官燕玲. 地源热泵竖直地埋管动态负荷下换热特性解析分析方法. 暖通空调，2013，43（11）：87～91.

[37] 王思琦. 冷热负荷不平衡对地埋管换热性能的影响及相关措施的比较分析. 暖通空调，2013，43（11）95～99.

[38] 郝赫等. 负荷平衡度对地源热泵系统的影响. 暖通空调，2014，44（2）：51～72.

[39] 贾晶等. 离心式冷水机组的"自由冷却"功能介绍. 暖通空调副刊，2008 年 7 月：11～12.

[40] 于卫平. 水源热泵相关的水源问题. 现代空调，2001，第 3 辑：112～117.

[41] 邬小波. 地下含水层储能和地下水源热泵系统中地下水回路与回灌技术现状. 暖通空调，2004，34（1）：19～22.

[42] 倪龙等. 地下水水源热泵热源井设计方法研究. 暖通空调，2010，40（9）：82～87.

[43] 蒋能照，刘道年主编. 水源地源水环热泵空调技术及应用. 北京：机械工业出版社，2007.

[44] 上海市政工程设计院主编. 给水排水设计手册　第 3 册　城市给水. 北京：中国建筑工业出版社，1986.

[45] 上海市政工程设计院主编. 给水排水设计手册　第 3 册　城镇给水（第二版）. 北京：中国建筑工业出版社，2004.

[46] 肖锦主编. 城市污水处理及回用技术. 北京：化学工业出版社，2002.

[47] 同济大学主编. 给水工程. 北京：中国建筑工业出版社，1980.

[48] 北京市市政设计院主编. 给水排水设计手册　第 5 册　城市排水. 北京：中国建筑工业出版社，1986.

[49] 马最良等. 污水源热泵系统在我国的发展前景. 中国给水排水，2003，19（2）：41～43.

[50] 张吉礼. 污水源热泵空调系统污水侧取水除污和换热技术发展. 暖通空调，2009，7：41～47.

[51] 吴荣华. 城市污水冷热源浸泡式工艺应用实例. 暖通空调，2004，11：86～87.

[52] 陈超. 地下水水源热泵系统设计与应用讨论. 暖通空调，2008，38（7）：86～92.

[53] 孙德兴等. 原生污水源热泵系统技术要点与现状. 暖通空调，专辑 2010：1～2.

[54] 倪永刚等. 水冷冷水机组壳管冷凝器胶球自动在线清洁装置的性能技术指标. 暖通空调，2012，42（8）：114～116.

[55] 田磊等. 再生水热泵应用于污泥厌氧处理的能流分析. 华北电力大学学报，2009，4：13～15.

[56] 刘东明. 再生水源热泵在奥运村的应用研究. 北京：北京建筑工程学院，2008.

[57] 田伟等. 利用水源热泵吸收热电厂冷凝热—国阳新能集中供热工程案例. 暖通空调，2011，41（9）：56～59.

[58] 加拿大益嘉工程有限公司. 美国水源热泵热能回收系统工程应用手册，1993.

[59] 美国 McQudy 公司. 水源热泵空调设计手册. 1988.

[60] 郎四维等. 水源热泵中央空调系统设计应用若干问题探讨. 暖通空调，1996，26（1）：15～19.

[61] 冯永华等. 火电厂循环冷却水废热回收利用问题研究. 节能，2007，3：17～19.

[62] 吴荣华. 城市污水冷热源应用技术发展状况研究. 暖通空调，2005，35（6）：31～37.

[63] 曹凤波等. 在中国东北地区利用城市污水热能供热的可行性分析. 江苏环境科技，2007，20（1）1：84～86.

[64] 吴荣华等. 城市原生污水冷热源参数特性与应用方法评价. 可再生能源，2005，123：39～42.

[65] 杨胜东等. 城市原生污水源热泵空调系统应用实例分析. 地源热泵产业专栏.

[66] 吴荣华等. 哈尔滨望江宾馆利用城市污水中的能源. 中国给水排水，2003，19（12）：92～93.

［67］ 游田等. 复合补热地源热泵系统设计方法研究与应用. 暖通空调，2015，45（5）：34～38.

［68］ 田长青等. 用于寒冷地区双级压缩变频空气源热泵的研究. 太阳能学报，2004，6，25（3）.

［69］ 马国远等. 寒冷地区空调用热泵的研究. 太阳能学报，2002，23（1）：17～21.

［70］ 石文星. 寒冷地区用空气源热泵的技术进展. 流体机械，2003，31.

［71］ 饶荣水. 寒冷地区用空气源热泵技术进展. 建筑热能通风空调，2005，8，24（4）：24～28.

［72］ 柴沁虎. 空气源热泵低温适应性研究的现状及进展. 能源工程，2002，（5）：25～31.

［73］ 艾默生环境优化技术（苏州）有限公司刘畅等. 喷气增焓空气源热泵在北方寒冷地区的应用. 暖通空调，专辑 2015，1：14～17.

［74］《民用建筑供暖通风与空气调节设计规范》编制组. 民用建筑供暖通风与空气调节设计规范宣贯辅导教材. 北京：中国建筑工业出版社，2012.

［75］ 中国建筑标准设计研究院. 全国民用建筑设计技术措施节能专篇，暖通空调动力（2007）. 北京：中国计划出版社，2007.

［76］ 中国建筑标准设计研究院. 全国民用建筑工程设计技术措施，暖通空调动力. 北京：中国计划出版社，2009.

［77］ 怡和特灵. 蓄冰系统设计手册.

［78］ 特灵空调. 冰蓄冷系统—中央空调节能系统设计指南（三），2007.

［79］ 可再生能源蓄能技术在低能耗建筑的应用课题组编，徐伟主编. 中国地源热泵发展研究报告. 北京：中国建筑工业出版社，2013.